茄子温室穴盘育苗

茄子温室嫁接育苗

茄子穴盘嫁接苗

茄子大棚定植

茄子日光温室栽培

茄子加温温室栽培

茄子一年一大茬日光温室栽培

茄子大棚（竹木结构水泥立柱）栽培

茄子大棚（镀锌管无立柱）栽培

茄子大棚（镀锌
管有立柱）栽培

茄子连栋大棚栽培

撤膜后的早春小棚
双覆盖茄子

北方蔬菜周年生产技术丛书

茄子周年生产关键技术问答

主　编
潘秀清
编著者
武彦荣　高秀瑞　李　冰

金盾出版社

内 容 提 要

本书是“北方蔬菜周年生产技术丛书”的一个分册，以问答的形式对茄子周年生产中的关键技术做了较详细的解答。内容包括：概述，茄子类型与优良品种选择，茄子育苗关键技术，日光温室、大中棚、小棚双覆盖、露地茄子生产关键技术，茄子病虫害防治技术，茄子生长异常情况的识别与防治。内容通俗易懂，科学性和可操作性强，适合广大菜农和基层农业技术人员学习使用，亦可供农业院校相关专业师生阅读。

图书在版编目(CIP)数据

茄子周年生产关键技术问答/潘秀清主编. -- 北京：金盾出版社，2013.1(2014.1重印)
(北方蔬菜周年生产技术丛书)
ISBN 978-7-5082-7851-3

Ⅰ.①茄… Ⅱ.①潘… Ⅲ.①茄子—蔬菜园艺—问题解答 Ⅳ.①S641.1-44

中国版本图书馆CIP数据核字(2012)第221868号

金盾出版社出版、总发行
北京太平路5号(地铁万寿路站往南)
邮政编码：100036 电话：68214039 83219215
传真：68276683 网址：www.jdcbs.cn
封面印刷：北京印刷一厂
彩页正文印刷：北京燕华印刷厂
装订：北京燕华印刷厂
各地新华书店经销

开本：850×1168 1/32 印张：5.75 彩页：4 字数：130千字
2014年1月第1版第2次印刷
印数：6 001～11 000册 定价：12.00元

目 录

一、概述 …………………………………………………………… (1)
1. 茄子的起源地在哪里？其栽培历史和栽培概况如何？ ……………………………………………… (1)
2. 我国茄子生产存在哪些问题？ ……………………… (1)
3. 我国茄子生产的发展趋势和对策如何？ …………… (3)
4. 发展茄子生产的主要技术关键是什么？ …………… (4)
5. 茄子生产具有哪些高效栽培形式？ ………………… (5)
6. 蔬菜产品的成本和收益如何核算？ ………………… (6)
7. 无公害茄子生产有什么要求？ ……………………… (7)
8. 什么是茄子周年生产？怎样安排茬口？ …………… (8)
二、茄子类型与优良品种选择………………………………… (10)
1. 茄子是如何分类的？ ………………………………… (10)
2. 圆茄、长茄和矮茄品种各有什么特点？ …………… (10)
3. 早熟、中熟、晚熟茄子品种各有什么特点？ ……… (11)
4. 如何使优良品种充分发挥品种优势？ ……………… (12)
5. 选用茄子品种时应考虑哪些方面？ ………………… (13)
6. 选购茄子种子应注意哪些问题？ …………………… (14)
7. 生产上引进茄子新品种应注意哪些问题？ ………… (15)
8. 目前生产上常见的圆茄早熟品种有哪些？ ………… (16)
9. 目前生产上常见的圆茄中熟品种有哪些？ ………… (18)
10. 目前生产上常见的圆茄晚熟品种有哪些？ ……… (20)
11. 目前生产上常见的长茄品种有哪些？ …………… (21)
12. 目前生产上常见的卵圆形品种有哪些？ ………… (24)

三、茄子育苗关键技术……………………………………………（26）
1. 种植茄子为什么要育苗？ ……………………………………（26）
2. 茄子壮苗的标准是什么？对苗龄有什么要求？ ………（26）
3. 茄子有哪几种育苗方式？各有什么特点？ ……………（27）
4. 茄子育苗设施有哪几种？如何因地制宜选择育苗
方式？ ………………………………………………………（28）
5. 如何铺设电热线？ ……………………………………………（29）
6. 使用电热线应该注意哪些事项？ …………………………（29）
7. 茄子育苗营养土如何配制？ …………………………………（30）
8. 如何进行温室及床土消毒处理？ …………………………（30）
9. 种子如何准备和处理？ ………………………………………（31）
10. 种子如何催芽？ ……………………………………………（32）
11. 茄子播种中容易出现哪些问题？ …………………………（32）
12. 茄子播种到分苗期间如何进行苗床管理？ ……………（33）
13. 茄子为什么要分苗？如何分苗？ …………………………（33）
14. 茄子从分苗到定植前如何管理？ …………………………（34）
15. 茄子如何进行定植前的苗期锻炼？ ………………………（34）
16. 茄子育苗过程中易出现哪些问题？如何防治？ ……（35）
17. 茄子育苗过程中如何应对异常天气？ …………………（35）
18. 茄子穴盘育苗如何选种与播种？ …………………………（36）
19. 茄子出苗后应如何管理？ ……………………………………（37）
20. 茄子无土育苗是否必须浇灌营养液？如何配制
营养液？ …………………………………………………（38）
21. 茄子穴盘苗在运输过程中应注意哪些问题？ ………（39）
22. 为什么要进行茄子嫁接育苗？ ……………………………（39）
23. 茄子嫁接育苗要注意哪些问题？ …………………………（39）
24. 茄子嫁接育苗要做哪些准备工作？ ………………………（40）
25. 茄子嫁接方法有几种？ ………………………………………（41）

26. 茄子劈接法如何操作？ ………………………………… (41)
27. 茄子靠接法如何操作？ ………………………………… (41)
28. 茄子针接法如何操作？ ………………………………… (42)
29. 茄子插接法如何操作？ ………………………………… (42)
30. 茄子套管贴接法如何操作？ …………………………… (42)
31. 茄子嫁接的优良砧木有哪些？ ………………………… (43)
32. 茄子嫁接苗愈合期如何管理？ ………………………… (43)
33. 茄子嫁接苗接口愈合后应如何进行管理？ …………… (44)
四、日光温室茄子生产关键技术 ……………………………… (46)
1. 日光温室的主要类型有哪些？ …………………………… (46)
2. 建造日光温室的选址应注意什么问题？ ………………… (48)
3. 建造日光温室设计上应注意什么问题？ ………………… (48)
4. 日光温室小气候环境有何特点？ ………………………… (49)
5. 日光温室内为什么要张挂反光幕？应注意哪些事项？ …………………………………………………… (50)
6. 日光温室越冬茬茄子在管理上有哪些特点？ …………… (50)
7. 日光温室越冬茬茄子应如何选择品种？ ………………… (51)
8. 日光温室越冬茬茄子应如何选择棚膜？ ………………… (51)
9. 日光温室越冬茬茄子对土地有什么要求？如何整地施基肥？ …………………………………………………… (52)
10. 日光温室越冬茬茄子应什么时间播种？ ……………… (52)
11. 日光温室越冬茬茄子育苗应注意哪些问题？ ………… (53)
12. 日光温室越冬茬茄子定植前应做好哪些准备？ ……… (53)
13. 日光温室越冬茬茄子何时扣地膜？ …………………… (54)
14. 日光温室越冬茬茄子如何定植？ ……………………… (54)
15. 日光温室越冬茬茄子如何进行温度和光照管理？ …… (55)
16. 日光温室越冬茬茄子如何进行肥水管理？ …………… (56)
17. 日光温室越冬茬茄子如何整枝打杈？ ………………… (58)

18. 日光温室越冬茬茄子如何保花保果？使用植物生长调节剂处理应注意什么问题？ ……………………（58）
19. 日光温室一年一大茬茄子栽培要点是什么？ ………（59）
20. 日光温室一年一大茬茄子如何整枝？ ………………（60）
21. 日光温室茄子如何进行二氧化碳施肥？ ……………（61）
22. 日光温室越冬茬茄子二氧化碳施肥应注意哪些问题？ ……………………………………………………（63）
23. 日光温室冬春茬茄子在管理上有哪些特点？如何选择品种？ ……………………………………………（64）
24. 日光温室冬春茬茄子有哪些优势？ …………………（64）
25. 日光温室冬春茬茄子应如何整地、施基肥？ …………（64）
26. 日光温室冬春茬茄子应什么时间播种？如何选择最佳定植时间？ ……………………………………………（65）
27. 日光温室冬春茬茄子如何培育壮苗？ ………………（65）
28. 日光温室冬春茬茄子定植前应做好哪些准备？ ……（66）
29. 日光温室冬春茬茄子如何定植？定植后如何管理？ ……………………………………………………（66）
30. 日光温室冬春茬茄子缓苗后如何管理？ ……………（67）
31. 日光温室冬春茬茄子如何进行浇水、施肥管理？ ……（67）
32. 日光温室冬春茬茄子结果期对温度有什么要求？ …（68）
33. 日光温室冬春茬茄子应如何进行中耕除草？ ………（69）
34. 日光温室冬春茬茄子如何进行整枝？ ………………（69）
35. 日光温室冬春茬茄子是否需用植物生长调节剂保花保果？ ………………………………………………（70）
36. 日光温室秋冬茬茄子栽培有哪些特点？ ……………（70）
37. 日光温室秋冬茬茄子栽培如何选择品种？ …………（70）
38. 日光温室秋冬茬茄子育苗期间应注意哪些问题？ …（71）
39. 日光温室秋冬茬茄子定植时应注意哪些问题？ ……（71）

40. 日光温室秋冬茬茄子定植后如何管理？ ……………… (72)

41. 日光温室茄子病虫害防治原则是什么？ ……………… (73)

42. 日光温室茄子病虫害的综合防治措施有哪些？ ……… (73)

五、大中棚茄子生产关键技术 ………………………………… (74)

1. 大中棚内温度变化有何特点？如何调节？ …………… (74)

2. 大中棚内湿度变化有何特点？如何调节？ …………… (75)

3. 大中棚中光照和空气状况有何特点？如何调节？ …… (76)

4. 东西向的和南北向的大棚棚内环境条件有何区别？哪种形式在生产上应用多？ ……………………………… (77)

5. 目前适合茄子大中棚覆盖的塑料薄膜有哪些种类？ ……………………………………………… (78)

6. 大棚薄膜有哪些覆盖方式？ ……………………………… (79)

7. 怎样黏结大棚用的塑料薄膜？ …………………………… (80)

8. 如何覆盖棚膜？覆盖棚膜时应注意哪些问题？ ……… (80)

9. 塑料大中棚茄子春提前栽培如何选择品种？ ………… (81)

10. 大中棚茄子春提前栽培何时播种？应注意哪些问题？ ……………………………………… (82)

11. 大中棚茄子如何进行播种育苗？应注意哪些问题？ ……………………………………………… (82)

12. 大中棚茄子春提前栽培定植前需做好哪些准备工作？ ……………………………………… (83)

13. 大中棚茄子春提前栽培如何确定适宜的定植期？ … (83)

14. 大中棚茄子春提前栽培如何定植？应注意哪些问题？ ……………………………………… (84)

15. 大中棚茄子春提前栽培定植后蹲苗应注意哪些问题？ ……………………………………… (84)

16. 大中棚茄子春提前栽培定植后如何进行温度管理？ ……………………………………… (85)

17. 大中棚茄子春提前栽培定植后如何进行肥水管理? …… (86)
18. 大中棚茄子春提前栽培如何进行整枝打杈? …… (86)
19. 大中棚茄子春提前栽培如何进行保花保果? …… (87)
20. 大中棚茄子春提前栽培怎样利用再生枝条进行生产? …… (87)
21. 大中棚茄子生产中果实不膨大或僵果有哪些原因?如何预防? …… (88)
22. 大中棚茄子生产落花、落果、坐果难的原因是什么? …… (89)
23. 大中棚茄子生产中落花落果的防治措施是什么? …… (89)
24. 大中棚茄子生产中果实着色不良的原因和防治措施是什么? …… (91)
25. 大中棚茄子生产中畸形果产生原因和预防措施是什么? …… (92)
26. 大中棚茄子生产中生理障碍的发生原因及对策是什么? …… (92)
27. 茄子大棚秋延后栽培与春提前栽培的区别是什么? …… (93)
28. 大棚秋延后茄子生产如何选择品种? …… (94)
29. 大棚秋延后茄子育苗时应注意哪些问题? …… (94)
30. 大棚秋延后茄子定植后的管理关键是什么? …… (95)
31. 大棚茄子秋延后生产在高温天气下的管理应注意哪些问题? …… (96)
32. 为什么用了无滴膜还有滴水现象?怎样减少水滴? …… (97)
33. 大中棚茄子如何应对突然来的低温天气? …… (98)
34. 棚膜使用时间长后如何除尘? …… (99)

六、小棚双覆盖茄子生产关键技术 …………………………（100）
1. 如何建造塑料小拱棚？ …………………………（100）
2. 小棚双覆盖茄子生产的效益如何？ …………………………（100）
3. 小棚棚膜有几种类型？ …………………………（101）
4. 小拱棚内小气候温度、湿度和光照条件各有什么特点？ …………………………（101）
5. 小棚双覆盖茄子栽培应如何选择适宜品种？ ………（102）
6. 如何确定小棚双覆盖茄子的播种期？ ………………（102）
7. 小棚双覆盖茄子如何进行育苗前的准备？ …………（102）
8. 小棚双覆盖茄子如何培育壮苗？ ……………………（103）
9. 为什么说培育适龄壮苗是茄子早熟丰产的基础？ …（104）
10. 小棚双覆盖茄子定植前应做好哪些准备工作？ ……（105）
11. 如何确定小棚双覆盖茄子的适宜定植期？ …………（105）
12. 小棚双覆盖茄子如何定植？ …………………………（106）
13. 小棚双覆盖茄子定植后应注意哪些问题？ …………（106）
14. 小棚双覆盖茄子缓苗期如何管理？ …………………（107）
15. 小棚双覆盖茄子结果前期如何管理？ ………………（107）
16. 小棚双覆盖茄子盛果期如何管理？ …………………（108）
17. 小棚双覆盖茄子如何整枝打杈？ ……………………（108）
18. 小棚双覆盖茄子如何保花保果？ ……………………（109）
七、露地茄子生产关键技术 …………………………（110）
1. 露地茄子栽培有什么特点？ …………………………（110）
2. 春露地地膜覆盖栽培与传统的裸地栽培相比有哪些优点？ …………………………（110）
3. 地膜覆盖栽培在管理上和裸地栽培有何不同？ ……（111）
4. 茄子地膜覆盖栽培有哪些方式？各有什么特点？ …（112）
5. 如何选购合适地膜？ …………………………（112）
6. 春露地茄子栽培如何选择品种？ ……………………（113）

7. 如何确定春露地茄子的播种期和定植期？ …………（114）

8. 春露地茄子育苗应注意哪些问题？ ………………（114）

9. 春露地茄子如何选择定植地块？ …………………（115）

10. 春露地茄子对于整地、施肥、做畦有什么要求？ ……（116）

11. 春露地茄子如何使用除草剂？ ……………………（116）

12. 如何确定春露地茄子的定植密度？ ………………（117）

13. 春露地茄子定植方法有什么要求？ ………………（118）

14. 春露地茄子缓苗期如何进行管理？ ………………（118）

15. 春露地茄子蹲苗期如何进行管理？ ………………（118）

16. 春露地茄子结果期如何进行管理？ ………………（119）

17. 春露地茄子如何整枝？ ……………………………（119）

18. 春露地茄子需要培土吗？如何进行培土？ …………（120）

19. 春露地茄子如何进行追肥？ ………………………（120）

20. 春露地茄子生产为什么要"涝浇园"？ ……………（121）

21. 春露地茄子为什么容易落花落果？如何预防茄子落花落果？ ………………………………………（122）

22. 露地夏茬茄子栽培有什么特点？ …………………（123）

23. 如何选择露地夏茬茄子品种？ ……………………（123）

24. 露地夏茬茄子如何育苗？ …………………………（123）

25. 露地夏茬茄子如何定植？ …………………………（124）

26. 露地夏茬茄子定植后应如何管理？ ………………（125）

27. 如何防治茄子雨季烂果？ …………………………（126）

八、茄子病虫害防治技术 …………………………………（127）

1. 危害茄子的害虫主要有哪些？为什么说综合防治是茄子病虫害防治的根本？ ……………………………（127）

2. 如何正确使用农药来防治病虫害？ ………………（128）

3. 购买农药应注意哪些问题？ ………………………（129）

4. 利用烟剂防治茄子保护地病虫害有何好处？ ………（130）

5. 如何识别和防治苗期立枯病? ……………………… (131)
6. 如何识别和防治苗期猝倒病? ……………………… (132)
7. 如何识别和防治黄萎病? ……………………………… (133)
8. 如何识别和防治绵疫病? ……………………………… (135)
9. 如何识别和防治褐纹病? ……………………………… (136)
10. 如何识别和防治灰霉病? …………………………… (137)
11. 如何识别和防治病毒病? …………………………… (138)
12. 如何识别和防治根结线虫病? ……………………… (139)
13. 如何识别和防治茄子根腐病? ……………………… (140)
14. 如何识别和防治斑枯病? …………………………… (141)
15. 如何识别和防治叶霉病? …………………………… (141)
16. 如何识别和防治茎基腐病? ………………………… (142)
17. 如何识别和防治茄子青枯病? ……………………… (143)
18. 如何识别和防治茄子白粉病? ……………………… (144)
19. 保护地育苗如何防治鼠害? ………………………… (144)
20. 如何防治地下害虫? ………………………………… (145)
21. 如何识别和防治蚜虫? ……………………………… (146)
22. 如何识别和防治棉铃虫? …………………………… (147)
23. 如何识别和防治红蜘蛛? …………………………… (148)
24. 如何识别和防治茶黄螨? …………………………… (148)
25. 如何识别和防治白粉虱? …………………………… (149)
26. 如何识别和防治美洲斑潜蝇? ……………………… (150)
27. 如何识别和防治茄子二十八星瓢虫? ……………… (151)
九、茄子生长异常情况的识别与防治 ……………………… (152)
1. 茄子育苗易出现的问题与防治方法是什么? ……… (152)
2. 茄子果实日灼和烧叶症状、产生的原因和防治方法是什么? ……………………………………………… (153)
3. 造成茄子肥害的原因有哪些? 如何预防? ………… (154)

4. 茄子常见缺素症有哪些？如何防治？ ………………（155）
5. 茄子畸形花的症状、产生的原因和防治对策是什么？ ……………………………………………（157）
6. 茄子生理性落花的原因和防治方法是什么？ ………（158）
7. 连续种植的老棚中茄子花出现紫色斑点或晕圈的原因是什么？如何防治？ …………………………（158）
8. 茄子低温危害的种类和症状是什么？如何防治？ …（160）
9. 茄子高温危害的症状是什么？如何预防？ …………（161）
10. 茄子黄叶产生的原因和防治对策是什么？ …………（162）
11. 磺酰脲类除草剂危害茄子的症状是什么？如何防治？ ……………………………………………（164）
12. 茄子设施栽培顶芽弯曲的原因和解决办法是什么？ ……………………………………………（165）
13. 茄子植株枯死的原因和防治方法是什么？…………（165）

一、概述

1. 茄子的起源地在哪里？其栽培历史和栽培概况如何？

茄子属茄科茄属植物，起源于东南亚，古印度为最早驯化地。至今已有4000年的栽培历史，在我国的栽培也达2000年之久。茄子是以浆果为产品的草本植物，适应性强，栽培管理较简单，在世界各地均有分布，但以亚洲最多，占世界总产量的74%；欧洲次之，占14%左右。我国的茄子栽培最为广泛，种植面积相当大，供应期很长，现已实现周年生产。

茄子是喜温作物，过去各地区多在露地种植，供应时间短，淡季时间长，种植面积小，北方一般只能在夏季上市，南方只能在春、秋两季上市，夏季因高温而无法生产。随着保护地及蔬菜栽培技术的发展，茄子的生产和供应时间不断延长，茄子生产也由原来单一的露地生产发展为露地与各种类型的保护地生产共存。北方可利用日光温室或加温温室进行冬季生产；华北地区需要日光温室、塑料棚、地膜覆盖与露地相配合，实现周年生产；长江中下游及其以南地区通过塑料棚（包括塑料大、中、小棚）、地膜覆盖及遮阳网覆盖栽培，实现全年生产、周年供应。近年来，由于种植茄子效益较高，产品上市价格相对稳定，种植面积增长很快。

2. 我国茄子生产存在哪些问题？

目前，我国茄子生产中存在如下问题。

(1)品种落后、缺乏保护地专用品种 虽然近几年全国茄子种植面积上升较快,但相当一部分地区存在着品种落后问题。由于茄子杂种优势明显,在早熟性、产量、品质、抗逆性等方面表现突出。因此,早在20世纪60年代,国外生产上就开始使用茄子杂种一代,到90年代末杂种一代的普及率达79%左右;我国茄子育种工作相对落后,80年代初才有零星杂交种育成,到目前为止,杂交一代普及率只有30%~50%,大部分地区仍使用农家品种或常规品种,由于这些品种多年自种自繁,且疏于管理,品种混杂、退化现象严重,导致茄子品质下降、产量降低、病虫害大发生。虽然近几年蔬菜科研工作者进行了不懈努力,但成效甚微,生产上大面积推广应用的杂交种较少,相应的保护地专用品种就更少,配套品种的匮乏制约了蔬菜标准化的实施,严重影响了菜农的生产效益。

(2)茄子单产低,生产管理水平不平衡,规模化生产少 尽管近几年来从总体上茄子栽培技术水平不断提高,并创造了许多高产典型,但各地区之间甚至同一地区的不同棚户之间,高产与低产差距大、不平衡的问题十分突出。老菜区、新菜区同样的日光温室种同一种蔬菜,其产量和效益可能相差几倍甚至十几倍。虽然茄子种植面积较大,但以一家一户居多,种植零散,仍沿用传统种植方法,技术水平落后,没有形成有一定影响力的规模生产。

(3)土传病害日趋严重,已成为制约茄子生产的瓶颈问题 由于连茬种植,尤其是温室、大棚茄子倒茬困难,土传病害(尤其是黄萎病)的发生日趋严重,造成大量死苗,一般减产20%~30%,严重的减产50%以上。土传病害的发生严重影响了老菜区菜农的种菜积极性,阻碍了茄子生产的进一步发展。

(4)产后处理环节薄弱 按照国外发达国家的经验,蔬菜业的效益中生产环节只占25%,加工环节占33%。但国内大多数菜农主要是靠采摘产品(茄子)直接运往市场销售,但市场经济变幻莫测,经常造成增产不增收。因此,如何避开上市高峰,加强茄子的

贮藏加工是一个非常重要的环节。

3. 我国茄子生产的发展趋势和对策如何？

我国茄子生产的发展趋势和对策如下。

(1)推广优质专用杂交种，栽培品种专用化　随着蔬菜生产标准化的实施，选育和使用优质专用品种已成为必然。针对不同茬口，选择适销对路的优质高产杂交新品种，良种良法配套，按照无公害茄子生产规程生产，以获取最大效益为最终目的。对新品种的要求：果实色泽鲜艳、光亮，着色均匀，果脐小，果形整齐，种子发育缓慢，商品性好；抗病性强；棚室生产多在深秋或冬春季节进行，要求品种低温下坐果性好，果实色泽好、着色均匀，有较强的单性结实能力和较高的天然坐果率，能在低温下生长发育和形成较高的产量；春季塑料大棚覆盖栽培后期，常出现32℃以上高温，影响光合作用正常进行，还需注意品种对高温的适应性；夏播品种要求耐热性强，高温下果实着色好；株型结构应有利于群体透光、通风和便于管理。

(2)栽培管理措施标准化和现代化，无公害生产将成为主流　目前高毒、高残留农药对蔬菜造成污染，过量使用化肥造成了蔬菜品质下降，不合理使用催熟剂造成了蔬菜营养成分不足、风味不佳等，已引起社会的极大关注。随着人民生活水平的提高，居民更加关注饮食安全，对无公害绿色蔬菜和有机蔬菜的需求量将越来越大。标准化生产是按照一定的生产流程和操作规范对蔬菜进行生产管理，其主要目的是通过控制茄子的生产环境，减少化肥、农药和其他有害物质的使用量，确保蔬菜生产过程无公害，生产出符合有关质量标准要求的茄子产品。种植过程中，要求良种良法配套，进行多种技术集成的无公害茄子集约化规模生产。随着嫁接技术的普及、平衡施肥及生物农药、生物肥料的利用等一批新技术、新成果的应用，可提高茄子抗土传病害能力、增强抗旱抗寒能力，改善品质，提高产量，实现周年供应和规模化无公害生产。

(3)蔬菜加工程度提高，净菜和冷冻菜逐步在城市推广 随着人们生活水平的提高和生活节奏的加快，净菜、冷冻菜上市将成为必然趋势。

(4)蔬菜经营呈现一体化趋势 蔬菜基地逐步集中到自然条件最适合的地区种植，蔬菜生产、加工、销售各个环节之间的联系日益密切，各经济利益主体相互融合，一大批从事一体化经营的龙头企业将会纷纷涌现出来。总之，21 世纪是蔬菜业走向产业化、设施化、集约化、优质化、绿色化的世纪，一个将产前、产中、产后生产及加工、销售连结为一体的蔬菜产业化高潮正在悄然兴起。

4. 发展茄子生产的主要技术关键是什么？

发展茄子生产的主要技术关键如下。

首先是品种选择。选择适合当地消费习惯的抗性品种是能否获得较高效益的首要前提，如进行冬季温室生产，应选择耐低温弱光的品种；早春种植，应选择早熟耐低温的品种；夏播生产，应选择抗热高产品种。

其次是选择合适的茬口，加强栽培管理。因地制宜选择合适的种植茬口，良法配套。温室生产投资大，效益高；大中棚种植形式，投资相对较少，效益也不错，近几年规模不断扩大；露地生产投入小，但易受环境影响，风险大，效益难保证。

最后是保证适宜时期的产品上市。一般来讲，春节前后产品价格高，效益好。应选择相应的种植茬口和适宜的定植期，保证产品的适时上市。

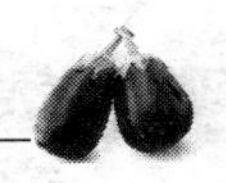

5. 茄子生产具有哪些高效栽培形式?

茄子生产中常见的栽培形式主要有4种,以河北省中南部地区的茄子生产为例(表1)。茄子喜光、喜温,冬季低温弱光季节栽培成本高,容易发生果实发育不良,影响产量和产品品质。中小棚覆盖或地膜覆盖栽培,形式简单,技术容易掌握,发展较快,效益不错。随着嫁接技术的应用和不断完善,日光温室和大棚生产发展规模不断扩大,生产效益显著,能够实现茄子周年生产,产品均衡供应。

表1 茄子生产常见栽培形式

栽培形式		育苗方式	播种期	分苗期	定植期	采收期
日光温室	秋冬茬	露地+荫棚	7月中下旬	不分苗、间苗	8月上中旬	10月上旬至翌年1月下旬
	越冬茬	露地+荫棚	6月上中旬至8月上旬	嫁接育苗6月播	8月下旬至9月上中旬	10月上中旬至翌年7月
	冬春茬	温室	10月中下旬	11月下旬至12月上旬	翌年1月下旬至2月上旬	3月上旬至6、7月
大棚	春	温室	12月	翌年2月上中旬	3月中下旬	5月中旬至7月底
	秋	露地+荫棚	6月下旬至7月上旬	不分苗、间苗	8月上中旬	9月下旬至11月
小中棚	有草苫	温床	12月	翌年2月上中旬	3月中下旬	5月中下旬至7月底
	无草苫	温床	12月下旬	翌年2月中下旬	3月下旬至4月上旬	5月中下旬至7月底
地膜覆盖		温床、阳畦	1月中下旬	3月上旬	4月中下旬	6月上旬至8月

6. 蔬菜产品的成本和收益如何核算?

核算蔬菜的成本首先要汇总其生产总成本。生产所消耗的物资费用加人工费用就是蔬菜的生产总成本。从生产成本的构成看:物资费用包含种子、农药、肥料、农膜等支出;生产服务支出包含机耕、水电、技术培训等;人工成本为标准用工天数乘以劳动日工价。总成本为生产成本和土地成本之和,全年总收益即为总产值扣除总成本。表2为河南省2009年露地与大棚蔬菜生产成本及收益对比调查数据。

表2 露地与大棚蔬菜667米^{2}平均生产成本及收益对比

指标	单位	露地蔬菜	大棚蔬菜	大棚比露地±元	大棚比露地±%
总成本	元	3383.8	4862.6	1478.8	43.7
一、生产成本	元	2929.1	4371.4	1442.3	49.2
(一)物资费用	元	1111.2	2016.8	905.6	81.5
1.种子(种苗)	元	146.4	314.6	168.2	114.8
2.肥料	元	747.1	502.4	−244.7	−32.7
3.农药	元	89.1	88.3	−0.8	−0.9
4.农膜(地膜)	元	60.6	728.9	668.3	1102.8
5.生产设施折旧	元	33.6	367.4	333.8	993.5
6.其他	元	34.4	15.2	−19.2	−55.8
(二)生产服务支出	元	185.5	333.8	148.3	80.0
1.机耕	元	78.3	89.8	11.5	14.7
2.灌溉费	元	84.3	101.8	17.5	20.7
3.技术培训和指导费	元	2.9	123.5	120.6	4158.6

续表 2

指标	单位	露地蔬菜	大棚蔬菜	大棚比露地±元	大棚比露地±%
4. 其他	元	19.9	18.8	−1.1	−5.5
(三)人工成本	元	1 632.4	2 020.7	388.3	23.8
标准用工天数	天	58.7	68.8	10.1	17.2
劳动日工价	元	27.8	29.4	1.6	5.8
二、土地成本	元	454.7	491.3	36.6	8.1
三、全年总产值	元	5 153.7	9 556.3	4 402.6	85.4
四、全年纯收益(扣总成本)	元	1 770.0	4 693.7	2923.7	165.2
五、全年生产收益(扣生产成本)	元	2 225	5 185	2 960	133.0

从露地与大棚蔬菜生产成本及收益对比表中可以看出，大棚蔬菜每 667 米^2 生产成本均比露地蔬菜多 1442.3 元，前者是后者的 1.5 倍，但从效益上看，大棚蔬菜投入大，效益也高，两者相差 2.3 倍。

7. 无公害茄子生产有什么要求?

无公害茄子是指产品中不含高毒、高残留农药，低毒农药残留量、硝酸盐、重金属、病原微生物等有害物质含量不得超过国家允许含量规定标准的商品茄子。无公害茄子在生产、加工、销售各个环节中都有严格要求，主要有如下 4 个方面要求。

第一，在生产基地建设上，要选择土壤重金属含量不超标，空

气、水质、土壤无污染，远离“三废”污染源的区域建立无公害生产基地。

第二，在生产环节上，要严格按照无公害茄子生产技术规程进行生产，严禁使用高毒农药和无“三证”或“三证”不齐的农药，要利用物理技术、生物技术等综合防治病虫害，优化配方施肥技术，多施有机肥、微生物肥料、复合肥和无公害蔬菜专用肥，控制氮肥的施用量。

第三，在加工、运输环节上，必须具备安全卫生、无污染条件，产品加工中不准使用国家禁用的化学合成保鲜剂、防腐剂、食品添加剂和人工色素，产品包装必须符合国家标准。

第四，在销售环节上，要开展产品质量检测。无公害蔬菜检测中心对产品质量进行定期、不定期抽检，抽检合格，发给无公害蔬菜标志，方可上市。对已确定的无公害蔬菜基地产品，凡连续两次抽检不合格，取消无公害标志使用权，对未经批准使用无公害标志的，要依法追究责任并处以罚款。

8. 什么是茄子周年生产？怎样安排茬口？

茄子周年生产是指随着设施条件和种植水平的不断提高，专用品种的育成，一年四季都可以种植茄子，满足市场供应。

茄子种植茬口很多，主要包括日光温室、春秋大棚、中棚、小棚、双覆盖、露地、越夏等多种形式共同发展的生产格局。由于各地气候条件、设施水平、种植技术、市场需求等因素不同，茄子的栽培形式和茬口也多种多样。下面以华北地区为例，列出茄子各栽培茬口的播种、定植及采收期(表 3)。

表3　华北地区茄子栽培茬口安排及栽培季节

栽培方式		播种期	定植期	采收期
春露地		1月中旬	4月中下旬	6月初至8月上旬
越夏栽培		4月下旬至5月上旬	6月上中旬	8月初至10月底
改良阳畦	春提前	12月中旬	翌年3月下旬至4月上旬	5月中下旬至7月中下旬
	秋延后	6月中下旬	8月上中旬	9月中下旬至11月上中旬
春季小拱棚栽培		12月下旬	翌年3月下旬至4月初	5月下旬至7月下旬
塑料中棚		12月中旬	翌年3月中旬	5月中旬至7月下旬
塑料大棚	春提前	12月上旬	翌年3月中旬	5月上旬至7月下旬
	秋延后	6月上中旬	7月中下旬	8月中旬至10月下旬
日光温室	秋冬茬	7月中旬	8月中旬	10月上旬至翌年1月下旬
	越冬茬	7月下旬至8月上旬	9月上中旬	10月中旬至翌年6月中下旬
	冬春茬	11月初	翌年1月下旬至2月上旬	3月上中旬至7月中旬
日光温室越冬一年一大茬		6月上中旬	8月下旬至9月初	10月上旬至翌年7月中下旬

二、茄子类型与优良品种选择

1. 茄子是如何分类的?

茄子的分类方法有很多种,可根据植株形态、果皮色泽、成熟期早晚、地方品种类型分布或果实形态等来划分。按照植株形态来划分可分为直立性和横蔓性 2 类;按照果皮色泽来划分可分为黑茄、紫茄、白茄和绿茄 4 类;按照生育期长短可分为早熟、中熟和晚熟 3 类;按栽培类型可分为保护地栽培品种群、露地早熟栽培品种群和露地延晚栽培品种群 3 类;按茄子地方品种类型分布大致可以分为圆果形茄子、长果形茄子和卵圆形茄子。目前多数人习惯按照果实形态把茄子分为圆茄、长茄和矮茄(卵茄或灯泡茄)3 类,一般称为植物学上的 3 个变种。

2. 圆茄、长茄和矮茄品种各有什么特点?

圆茄、长茄和矮茄品种的特点如下。

(1)圆茄类品种的特点　一般茎直立粗壮,生长势强;叶片宽大肥厚,叶色深,叶缘缺刻钝,呈波浪状;花型较大,淡紫色,花梗粗;果实为圆球、扁圆形或高圆形,果色有黑紫色、紫红色、鲜紫色或紫色、绿色、白色等,果实大而重,肉质较紧密。与其他类型的茄子相比,圆茄果实从开花到果实商品成熟所需要的时间较长,但果实较大,单果重较大,栽培产量较高。圆茄不耐湿热及多雨气候,在空气湿度小、光照充足的气候条件下生长良好。我国华北、西北地区栽培的茄子多为此类型。如茄杂 2 号、茄杂 6 号、快圆等。

(2)长茄类品种的特点　一般叶片较小而狭长；花型较小，颜色多为淡紫色；果实形状有短筒、长筒、长条、线形等，一般长20厘米以上，有的品种可达40厘米以上；果皮较薄，肉质松软，种子较少；果皮颜色多为紫黑色、紫红色和鲜紫色，也有绿色和白色品种。果实从开花到果实商品成熟所需要的时间较短，果实发育速度快，单株结果数多，但单果重较小。长茄类对气候条件的适应性较强，在我国南方及东北普遍栽培，以江浙一带栽培的品种最为典型。如杭茄1号、沈茄3号等。

(3)矮茄类品种的特点　一般植株较矮，生长势中等或较弱，株型开张，分枝多；茎叶细小，叶片薄，边缘呈波浪状，叶色淡绿，叶面平展；花多为浅紫色，花型小，花梗细长；着果节位低，果实较小；果形有卵圆形、长卵形等；果皮较厚，多为紫黑色或紫红色，有的品种为绿色或白色；果肉组织较紧密，种子较多。这类茄子多为早熟品种，产量较低，但抗性较强。如湘早茄、鲁茄1号等。

3. 早熟、中熟、晚熟茄子品种各有什么特点?

早熟、中熟、晚熟茄子品种特点如下。

(1)早熟品种的特点　一般早熟茄子品种在主茎生长5～6片叶后着生第一朵雌花，植株较细弱，多为横生或半开张状，少数直立者也较矮。果实偏小，果肉较紧实。抗寒性较强，从定植期到商品果始收期的天数40～50天。如茄杂12号、快圆、辽茄4号、北京五叶茄等。

(2)中熟品种的特点　一般中熟茄子品种在主茎8～9片叶后着生第一朵雌花，植株粗壮，多为半开张或直立。果实较大，果肉较细密，品质较好，从定植期到商品果始收期的天数51～70天。如茄杂2号、茄杂6号等。

(3)晚熟品种的特点 一般晚熟茄子品种在主茎10片叶以上着生第一朵雌花,植株高大,多为直立或开张状,长势旺盛,果实较大,果皮较硬,果肉柔嫩多汁。抗病、耐虫能力较强。从定植期到商品果始收期的天数71～80天。代表品种如黑茄王、超九叶等。

4. 如何使优良品种充分发挥品种优势?

所谓优良品种是指能够比较充分利用自然环境、栽培环境中的有利条件,避免或减少不利因素的影响,并能有效解决生产中的一些特殊问题,表现为高产、稳产、优质、低消耗、抗逆性强、适应性好,在生产上有推广利用价值,能获得较好的经济效益,因而深受群众欢迎。

优良品种是一个相对的概念,它的利用具有地域性和时间性。也就是说,品种的优良性状只能在一定的自然环境和栽培条件下才能表现出来,超过一定范围就不一定表现优良,应针对蔬菜栽培茬口、栽培季节合理选择优良品种。如茄杂2号适合春大中棚及春露地栽培,茄杂12号适合冬春棚室栽培。当地的优良品种到外地不一定能够适应,外地的优良品种到本地也不一定能够增产;过去的优良品种现在不一定优良,现在的优良品种将来也会被逐步淘汰。因此,不存在永恒不变的"优良品种",只有不断培育出适合当时、当地种植的新品种,替换生产上那些相形见绌的老品种,通过品种的区域试验和审定,及时组织品种更新换代,才能使优良的品种脱颖而出,在农业生产上充分发挥作用。

品种是重要的,但不是万能的,没有先进的栽培技术相配合是不行的。先进的栽培技术能调节植株群体的地上、地下生态环境,能最大限度满足其生长发育和产量形成的需要。所以,从土壤耕作、播种、育苗、定植直至产品成熟全部栽培过程的各个环节都应尽量采取先进栽培技术。

良种配良法，在栽培中应根据品种特征特性采取相应的栽培措施，扬长避短，才能充分发挥优良品种的生产力。一般抗逆性强、高产的品种往往较晚熟。采取提前育苗或适当增大苗龄的措施，能有效提早成熟期，可以弥补成熟期晚的不足；而早熟、品质好的品种往往单株产量低，采取适度密植的栽培措施，可以争取较高的单位面积产量。对品质好、抗病性较差的品种，采取轮作或嫁接等防病措施，可减轻病害。总之，采取针对性强的栽培措施，既能充分发挥品种本身的优势，又能在一定程度上弥补其不足。可见栽培措施是优良品种高产、优质、高效栽培的保障，采用优良品种的同时，必须采用先进栽培技术。

5. 选用茄子品种时应考虑哪些方面？

在生产中如何选用适宜的茄子品种，以求获得高产、高效，是十分重要的。在选用品种时应注意以下事项。

(1)地域性 由于多年的生产与消费习惯，形成了茄子品种独有的地域性。比如，我国北方大部分地区习惯于种植圆茄，消费者也喜食圆茄；我国南方地区多数习惯种植长茄，消费者也喜食长茄。城市近郊为了早上市，提高经济效益，习惯于种植早熟品种；而广大农村则要求茄子的产量高、果型大，因此多数种植中晚熟品种。有些地区喜欢红色品种，有些地区喜欢黑色品种。因此，生产者在选用品种时，一定要与当地的生产习惯和消费习惯相适应。特别是果色、果形、单果重等性状，一定要符合当地消费者的口味。

(2)栽培方式 早春保护地栽培应选用早熟且产量高的耐低温、耐弱光品种，如茄杂 2 号、茄杂 12 号、茄杂 13 号等；大棚秋延后栽培选用耐高温弱光的茄杂 6 号；春露地栽培宜选用丰产品种，如茄杂 2 号、农大 601 等；露地越夏栽培宜选用中晚熟耐热品种，如茄杂 6 号、黑茄王等；日光温室一年一大茬应选耐低温弱光，结果能力强，果实着色好的茄杂 8 号、布利塔等。

6. 选购茄子种子应注意哪些问题？

在确定了品种后，只有利用优良的种子才能取得理想的效果。优良的种子包括两方面：一是种性纯，具有本品种的一切优良属性；二是生命力强，具有良好的发芽率和发芽势，能长成茁壮的幼苗。一般来讲，购买大型种子公司或科研单位的种子，比较可靠。茄子种子的发芽率和发芽势，主要取决于种子的新陈程度、饱满程度、贮藏条件等因素。茄子种子的发芽年限，一般为 4～5 年，生产上适用年限为 3 年左右。过期的种子发芽率大大降低，低于国家二级种子标准 85%时即不能销售。新种子表面乳黄色，有光泽，光滑；陈种子黄褐色，无光泽，种皮不光滑，购种时应注意鉴别。优良的茄子种子饱满，千粒重大。在贮藏中如发生霉变、虫蛀，亦能大大降低种子的生命力。选择茄子品种应考虑如下。

(1)根据种植茬口、种植模式选择适宜的品种 越冬茬一般选用耐低温、耐弱光的品种，如茄杂 8 号、茄杂 12 号、布利塔等；早春季选用茄杂 12 号、茄杂 6 号、茄杂 2 号、茄杂 13 号、墨星 1 号等品种；越夏露地栽培选用耐热品种，如茄杂 6 号、黑茄王、紫光大圆茄等均可。

(2)根据管理水平选择优质、高产、抗性强的品种 不选择没有当地经过示范试验的品种，避免不必要的经济损失和减产纠纷。买种子不同于买农药，若农药的药效不理想，还可以补救，种子一旦出现问题，则会错过种植季节，这就是农民常说的“有钱买籽，没钱买苗”的道理。更不要听信不负责任的种子经销商的诱惑和忽悠。在没有经过小面积示范的前提下，任何许诺或赊欠种子的行为，都会给菜农埋下经济损失的隐患，这方面的教训是惨痛的。尤其是越冬、早春栽培品种，品种的耐寒、耐弱光、耐低温的能力以及

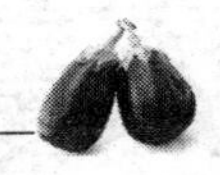

抗黄萎病的性能都是影响茄子经济效益的重要因素，这些都是选择品种的关键。

(3)根据当地市场销售渠道和价格优势选择品种 各地消费者在长期的生活中养成了不同的消费习惯，有的喜食长茄，有的喜食圆茄。因此，在选择茄种时应根据当地市场销售渠道和价格优势选择不同的品种。

7. 生产上引进茄子新品种应注意哪些问题？

由于近年来茄子品种在我国各地不断推出或更新，生产上需要经常引进新品种，但需要指出的是在引进茄子新品种时应注意以下问题。

(1)所引进的新品种果实商品性状如果形、果色等应符合当地消费习惯 如北京主要栽培和消费的是紫黑色圆果形品种，天津主要是紫色或紫红色圆形品种。有些地方喜食长茄，有些地方喜食圆茄。因此在引进新品种时，应首先考虑该品种果实的商品性状是否符合当地市场销售。

(2)所引进的新品种应适宜当地的气候条件 一般来说，从气候条件越相似的地区引种越易成功。如南种北引由于地区间温度差异较大，营养生长期和果实成熟期相对延长，从而缩短果实采收期，降低产量，故南种北引时以早熟品种较易成功。相反，北种南引有缩短营养生长期，提早成熟的趋势，但有些种类品种则可能由于不耐高温、昼夜温差小而生长发育不良。

(3)注意根据具体的栽培方式引种 不同的栽培方式下，温度、光照、空气湿度等环境条件都会有所变化，因此，在选择新品种时，应根据相应的栽培方式下的环境条件特点选用不同的品种。如有些品种适宜用作露地栽培，而有些品种则适宜保护地栽培，生

产上不能随便将露地品种用作保护地栽培。随着我国育种水平的不断提高，许多适宜不同栽培方式的专用品种相继被推出，推动了茄子的周年生产。因此，在引种新品种之前应对新品种的适应性及其特点等作仔细了解。

(4)**注意根据生产管理水平引种** 不同生产管理水平下对于品种的主要性状要求是不一样的。如果种植者生产管理水平较高，在引种、试种新品种时应首先选择丰产性好的品种。管理水平一般时，则应首先考虑选择抗病性及适应性强的品种。

(5)**坚持先试种、后推广的原则** 因为它们在原栽培地区所表现的优良性状，不一定在引入地区仍能保持，即使能保持，还有品种间的相对优劣问题。为了避免给生产造成较大经济损失，初次引种时应先进行小面积试种试验，并注意与本地主栽品种进行对比。如果试种效果好，并在某些方面优于本地品种，才能大面积示范与推广。

8. 目前生产上常见的圆茄早熟品种有哪些?

生产上常见的圆茄早熟品种介绍如下。

(1)**茄杂 12 号** 河北省农林科学院经济作物研究所育成的圆茄杂交种。2008 年通过河北省品种鉴定。早熟性好，耐低温弱光。植株生长势中等，株型紧凑，门茄节位 6 节。果实紫黑色，扁圆形。果内籽少，果肉紧实，浅绿色。果面光滑，光泽度好。单果重 650～800 克。易坐果连续结果能力强，产量高，抗病性好，一般每 667 米^2 产量 6 000 千克左右。适合温室、春棚栽培。

(2)**茄杂 8 号** 河北省农林科学院经济作物研究所育成的温室专用杂交种。该品种早熟，耐低温弱光能力强。植株较紧凑，始花着生于 6～7 节。果实扁圆形，紫红色，低温弱光下着色好。果

肉白，肉质致密，细腻。单果重500～700克，连续坐果能力强。一般667米^{2}产量5000～5500千克，日光温室一年一大茬每667米^{2}栽700株，每667米^{2}产量可达15000千克。适合于保护地栽培，尤其是日光温室一年一大茬越冬栽培。

(3)**京茄5号** 北京市农林科学院蔬菜研究中心育成。早熟、高产的圆茄一代杂种。始花节位7片叶左右。果实扁圆形，果色紫黑发亮，果肉青绿色，商品性状极佳。该品种耐低温弱光，易坐果，果实发育速度快，畸形果少，前期产量集中，单果重500～800克。适合保护地、早春露地、小拱棚覆盖栽培。

(4)**京茄1号** 北京市农林科学院蔬菜研究中心育成。早熟、丰产抗病的圆茄一代杂种。长势强，植株直立，株型紧凑。始花节位7～8片叶，易坐果，果实发育速度快。连续结果性好，单株结果数5～8个，单果重600～900克。果实近圆球形，果色紫黑发亮，不易褪色老化，商品性状极佳。果肉浅绿白色，味甜，质地细嫩，风味好。该品种耐低温弱光，在温度较低的季节能正常结果，且畸形果少。适合保护地及早春露地、小拱棚覆盖栽培。

(5)**丰研2号** 北京市丰台区农业技术推广中心育成的杂交种。1994年通过北京市农作物品种审定委员会审定。该品种极早熟，对低温寡照环境适应性强，表现生长势强，连续结果性好，单株结果数多。果实近圆球形，单果重400～500克。果色紫黑，有光泽，肉质致密，细嫩，商品性好。每667米^{2}产量4000千克左右。保护地栽培专用品种，北京市、河北省等地区有种植。

(6) **圆杂2号** 中国农业科学院蔬菜花卉研究所育成的圆茄杂交种。该品种早熟，生长势强，连续结果性好，单株结果数多。果实圆球形，果色紫黑，有光泽，商品性好，肉质致密，细嫩，单果重500～750克。适合露地早熟栽培，也可保护地和夏播栽培。

(7)**墨星1号** 河北农业大学园艺学院育成的杂交种。株型较紧凑，生育期短，始花节位6～7节，低温下坐果能力强，结果性

能好。果实圆形略扁，紫黑油亮，少籽，果肉细嫩，不易老，耐贮运。平均单果重500克以上，每667米^{2}产量5000千克左右。适于早春保护地及露地栽培。每667米^{2}种植2600～3000株左右。

(8)**快圆茄** 天津市地方品种。植株生长势较强，株型紧凑。一般在主茎6～7节着生门茄。果实圆球形，单果重400～500克，膨大生长较迅速。果皮艳紫色，有光泽。果肉白色，质地致密，品质好。早熟，耐寒性和抗病性较强。为天津等地保护地主栽品种，每667米^{2}产量4000～4500千克。

9. 目前生产上常见的圆茄中熟品种有哪些？

生产上常见的圆茄中熟品种介绍如下。

(1)**茄杂2号** 河北省农林科学院经济作物研究所育成的圆茄杂交种。1998年通过河北省农作物品种审定委员会审定。该品种中早熟，生长势强，叶片绿色，叶脉浅紫色，始花着生于8～9节。果实圆形，紫黑红色，光泽度好。果肉浅绿白色，肉质细腻，味甜。单果重800～1000克，最大2000克，果实内种子少，大而不老，品质好。膨果速度快，从开花到采收15～16天，连续坐果能力强。抗逆性较强，较抗黄萎病，耐绵疫病，适应性广。一般每667米^{2}产量7000～10000千克，最高达15000千克。茄杂2号是典型的大果型、高产、稳产品种，品质好，不易老，效益好，是茄子基地首选品种。适合于春季大中棚、双覆盖及露地栽培。华北、西北等喜食圆茄地区都有种植。

(2)**茄杂13号** 河北省农林科学院经济作物研究所育成的圆茄杂交种。2008年通过河北省鉴定。早中熟，植株生长势强，株型高大，门茄节位7～8节。果实圆形，紫黑色。果肉浅绿白色，肉质细腻。果面光滑，光泽度好，单果重800～1500克。果实膨大

速度快，连续采收期长，抗逆性强，丰产性好，每667米^{2}种植1700～1800株，每667米^{2}产量7000千克左右。适合早春保护地、露地栽培。

(3)**茄杂1号** 河北省农林科学院经济作物研究所育成的圆茄杂交种。1996年通过河北省农作物品种审定委员会审定。该品种中早熟，丰产性好，植株生长势强，叶片较大，始花着生于8～9节。果实高圆形，紫黑油亮。果肉浅绿白色，籽少。单果重600～800克，最大1500克。膨果速度快。从开花到采收16天，每667米^{2}产量5000～7000千克。适合春大棚及露地栽培。

(4)**茄杂3号** 河北省农林科学院经济作物研究所育成的圆茄杂交种。该品种早中熟，结果集中，生长势强，株高90厘米左右，叶色绿，始花节位8～9节，膨果速度快。果实圆形，果面紫红色带暗条有光泽，果把绿色，果肉细嫩。单果重600～700克，每667米^{2}产量5000千克左右。适于春保护地及露地栽培。适于华北、西北等喜食圆茄地区种植。

(5)**茄杂6号** 河北省农林科学院经济作物研究所育成的圆茄杂交种。该品种早中熟，门茄节位8节左右，生长势较强，株型紧凑。叶片窄小，上冲。果实圆形，果皮紫黑色，油亮，果面光滑，果顶、果把小，无绿顶。果肉浅绿色，肉质细密，味甜。单果重900克左右，商品性佳。每667米^{2}产量6500千克左右。适合春、秋大棚及露地越夏栽培。

(6)**京茄3号** 北京市农林科学院蔬菜研究中心育成的中早熟、丰产、抗黄萎病的圆茄杂交种。植株生长势较强，始花节位7～8节，叶色深紫绿，株型半开张，连续结果性好，平均单株结果数8～10个，单果重400～500克。果实扁圆形，果皮紫黑发亮；果肉浅绿白色，肉质致密细嫩，品质佳。易坐果，较耐低温弱光，低温下果实发育速度较快，畸形果少。保护地栽培每667米^{2}产量5000千克左右。适合温室和大、中棚及早春露地、小拱棚覆盖栽培。

(7)农大 601 河北农业大学园艺学院育成的圆茄杂交种。2009 年通过河北省鉴定。该品种中早熟，植株生长势强，株型紧凑，门茄节位 8～9 节。坐果早，膨果快，连续坐果能力强。果实圆形，果皮黑亮，着色均匀。果肉紧实，细嫩，籽少，平均单果重 500 克以上。商品性状优良，丰产性好，抗病性强，每 667 米^2 产量可达5000～7000 千克。适合春大棚及露地栽培。适于华北及东北地区种植。

(8)京茄 2 号 北京市农林科学院蔬菜研究中心最新育成的丰产、抗黄萎病的中早熟圆茄杂交种。植株生长势强，后期不易衰老，再生能力强，茎粗壮直立。叶色浓绿，叶片大。花器官较大，果实发育速度快，连续结果能力强，平均单株结果数 10 个以上。果实近圆球形，略扁，果皮紫黑发亮，果肉浅绿白色，肉质致密细嫩，品质佳。单果重 500～750 克，每 667 米^2 产量 4500 千克以上。抗黄萎病，对环境适应性广，特别是结果后期植株也能保持较强的生长势，适于大棚、小拱棚、露地早熟栽培，也可进行越夏栽培。

10. 目前生产上常见的圆茄晚熟品种有哪些？

生产上常见的圆茄晚熟品种介绍如下。

(1)黑茄王 河北省农林科学院经济作物研究所育成的杂交种。该品种耐热，抗病，植株生长势强，茎直立粗壮，株高 90 厘米左右。叶片上冲，叶色深绿，心叶发紫。茎粉紫色，有茸毛，始花节位 9～10 节。果实近圆形，紫黑油亮，无绿顶，果把小。果肉浅绿色，肉质细腻。果实内种子少，耐老熟，商品性极佳。单果重 600～800克，最大果重 1500 克，每 667 米^2 产量可达 5000～6000 千克。适合露地越夏栽培。

(2)黑贝 1 号 河北农业大学园艺学院育成的杂交种。该品

种中晚熟，始花节位 9 节。果实圆形，紫黑色，有光泽。果肉浅绿白色，肉质细密，单果重 800 克。喜肥水，丰产性好，每 667 米^2 产量 7000 千克左右。适合春季露地栽培，也可作恋秋栽培。

(3) 紫光大圆茄 河北工程大学园艺学院（原邯郸农业技术高等专科学校）育成。该品种中晚熟，生长势强，株型紧凑，始花节位 9～10 节。果实圆形，紫黑油亮。果肉浅绿色，肉质细腻，商品性好。单果重 600～700 克，每 667 米^2 产量 5000 千克以上。适于露地及恋秋栽培。

(4) 超九叶 河北省固安县新华种业生产。该品种中晚熟，果实圆形稍扁，外皮深黑紫色，耐贮运，有光泽。果肉较致密，细嫩，浅绿白色，稍有甜味，品质佳。单果重 1000～1500 克，一般 667 米^2 产量 4000～5000 千克。适合夏季露地栽培，也可作恋秋栽培。

(5)丰研 4 号 北京市丰台区农业技术推广中心培育的中晚熟茄子杂交种。植株生长势较强，坐果率高，门茄着生于主茎 9 节。叶灰绿色。果实扁圆形，果皮黑紫色，光泽度好。果肉浅绿白色，致密细嫩，品质佳。单果重 800 克左右，每 667 米^2 产量 4000 千克左右。适宜喜食紫黑色圆茄的地区夏秋季栽培。

11. 目前生产上常见的长茄品种有哪些？

生产上常见的长茄品种介绍如下。

(1) 布利塔 荷兰瑞克斯旺种业培育。果实棒槌形，紫黑色，绿把，绿萼片，质地光亮油滑，味道好，耐运输。单果重 450～500 克。无限生长型品种，叶片中等大小，耐低温，耐弱光，早熟，每片叶一朵花，坐果多，产量高，长季节栽培每 667 米^2 产量 10000 千克以上。

(2) 安德烈 荷兰瑞克斯旺种业培育。果实灯泡形，紫黑色，

绿把，绿萼片，质地光亮油滑，比重大，味道好，耐运输。单果重350～400克。无限生长型品种，叶片中等大小，耐低温，耐弱光，早熟，每片叶一朵花，坐果多，产量高，长季节栽培每667米^{2}产量15000千克以上。

(3)**茄杂7号** 河北省农林科学院经济作物研究所育成的杂交种。该品种中晚熟，植株生长势强，株型紧凑，叶片上冲，门茄节位10～11节。果实长筒形，略带尖，果长28～30厘米，果粗8～10厘米。果面光滑，果色紫黑，光泽度好。单果重630～700克，商品性好。每667米^{2}产量5500～6000千克，抗黄萎病能力强。适合保护地及露地栽培。

(4)**杭茄3号** 杭州市蔬菜科学研究所选育。该品种早熟，耐寒性好，果长可达40厘米以上，皮色紫红，每667米^{2}产量3000千克左右。果皮淡紫色，肉质柔嫩，品质佳，抗性较强，是杭、嘉、湖地区广为栽培的传统品种。适合作秋冬茄保护地栽培，秋冬茄专用品种。

(5)**杭茄6号** 杭州市蔬菜科学研究所选育。该品种株型紧凑、早熟、耐寒，果长约40厘米，皮色紫红鲜艳。适宜春、秋保护地栽培，每667米^{2}产量约3000千克。

(6)**朗高** 荷兰瑞克斯旺种业培育。果实长形，紫黑色，绿把，绿萼片，质地光亮油滑。无限生长型品种，叶片中等大小，耐低温，耐弱光，早熟，单果重400～450克。产量高，长季节栽培每667米^{2}产量10000千克以上。

(7)**紫月** 河北农业大学园艺学院育成的杂交种。中熟长茄，株高90～100厘米，株展75厘米，果长35厘米，果粗3～5厘米，结果性好，光泽度高，单果重200克，抗病优质。每667米^{2}产量4000～5000千克。适于早春保护地、露地及越夏栽培。

(8)**引茄1号** 浙江省农业科学院选育。该品种株型较直立紧凑，开展度40厘米×45厘米，结果层密，坐果率高，果长30～38

厘米，横径2.4～2.6厘米，持续采收期长，生长势旺，抗病性强，根系发达，耐涝性强，商品性好。果形长直，不易打弯，果皮紫红色，光泽好，外观光滑漂亮，皮薄，肉质洁白细嫩，口感好，品质佳，每667米^{2}产量3500～3800千克。适宜冬春保护地、春季露地栽培。

(9) **紫藤** 浙江省农业科学院选育。2006年通过浙江省科技厅组织的成果鉴定。该品种早熟，定植后40天左右始收，前期生长势旺，株高100～110厘米，门茄节位为8～9节。花蕾紫色，中等大小，单株坐果35～40个，最高可达48个。果实长直，果皮深紫色，光泽度好，果长30厘米以上，横径2.4～2.8厘米，单果重80～90克，外观漂亮，商品性好。抗枯萎病，中抗青枯病和黄萎病，每667米^{2}产量3900千克左右。适宜保护地、露地栽培。

(10) **伏龙茄** 武汉市农业科学院选育的一代杂交种。该品种植株较直立，株高约120厘米，开展度90厘米左右，主茎高25厘米左右。茎浅紫色，分枝性强，生长势强。叶卵形，绿色带浅色紫晕，叶面、叶背具茸毛。花浅紫色，多花序，少有单生，始花节位9节。果实长条形，果端圆，果长35厘米，横径3.5～4.0厘米，平均单果重160克，每株可挂果16个以上。果色黑紫光亮，果肉白绿色。耐老，耐热，耐湿，中晚熟。每667米^{2}产量4500千克以上。适宜夏秋露地栽培和秋延后栽培。

(11)**辽茄七号** 辽宁省农业科学院园艺研究所培育的保护地专用茄子品种。该品种耐低温弱光，在弱光下果实着色良好，高产、优质，耐贮运，商品性极佳。果实长筒形，长约20厘米，横径约5厘米，单果重120～150克，每667米^{2}产量5000千克左右。果皮紫黑色，有光泽。果实肉质紧密，商品性好，品质佳，口感好，耐运输。植株直立，叶片上冲，适于密植栽培，适于越冬栽培和早春早熟栽培。早熟栽培，用营养钵育苗，从播种到始收100～105天。

(12)**湘茄4号** 湖南省蔬菜研究所育成。1999年2月通过

湖南省农作物品种审定委员会审定。植株生长势强，株高约 95 厘米，开展度约 85 厘米。叶色浓绿，叶面有紫晕。果实粗棒形，果长 17～19 厘米，横径 5.6～6.1 厘米。果皮紫红色，光泽好。果肉白色，口感细嫩，风味佳，单果重 200～350 克。对青枯病、黄萎病和绵疫病有较强的抗性。每 667 米^2 产量 3500 千克以上。可作春、秋两季栽培，尤以秋季栽培更能表现出品种的优质高产特性。

12. 目前生产上常见的卵圆形品种有哪些？

生产上常见的卵圆形茄子品种介绍如下。

(1)**茄杂 5 号** 河北省农林科学院经济作物研究所育成的绿茄杂交种。生长势强，结果集中，前期产量高，始花着生在 7～8 节。果实卵圆形，果皮绿色。果肉浅绿色，致密，有甜味，品质好。单果重 500～700 克，每 667 米^2 种植 1800～2000 株，一般每 667 米^2 产量 5000～6000 千克。适宜早春保护地及露地栽培。

(2)94-1 **早长茄** 济南市农业科学研究所育成的一代杂交种。1997 年通过山东省农作物品种审定委员会审定。该品种株高 70 厘米左右，开展度 80 厘米左右，始花着生在 6～7 节。果实长椭圆形，果皮紫黑色，有光泽。果肉细密，种子少，品质较好。早熟，耐低温，较耐弱光，单果重 300 克左右。适宜春季保护地栽培。

(3)**沈茄 5 号** 辽宁省沈阳市农业科学院育成。该品种中熟，生长势强，植株直立，平均株高 80.5 厘米。茎绿色。叶片大，叶色绿，叶缘波浪形，叶脉绿色，无叶刺，浅紫色花。果实长椭圆形，平均果长 19.2 厘米，平均横径 6.4 厘米，果顶为圆形，平均单果重 213.5 克。商品果皮色深绿，光泽度强。果面无条纹，果实无棱。果萼中等，绿色，果萼下颜色为绿色。一般 667 米^2 产量 4600 千克左右，适合保护地、露地栽培。

(4)**辽茄 5 号** 辽宁省农业科学院园艺研究所育成。1998 年

通过辽宁省农作物品种审定委员会审定。中早熟品种，从播种到始收110天左右。植株生长势强，株高约70厘米，开展度约60厘米。叶片、叶柄及叶脉均为绿色，两性花，第一花着生于7～8节，花冠浅紫色，通常5裂。果实长椭圆形，果长18厘米左右，横径6.5厘米左右，平均单果重300克。果皮油绿色，有光泽；果肉白色。种子千粒重5.0克，蛋白质和维生素C含量高，品质好。抗黄萎病和绵疫病，每667米^{2}产量5000千克左右。

三、茄子育苗关键技术

1. 种植茄子为什么要育苗?

茄子苗龄因育苗方式而不同,一般为70～90天,幼苗生长时间较长,生产上种植茄子都要进行育苗。茄子育苗一般在冬季,需要在温室中进行,在遇到灾害性天气时,可以人为控制环境条件,培育壮苗,提早定植,延长生育期,达到早熟丰产的目的。育苗可以缩短生产田的占地时间,缓解季节茬口矛盾,提高土地利用率;育苗可有效培育壮苗,减轻病害发生,提早上市,提高产量;育苗可节约种子,降低生产成本。

2. 茄子壮苗的标准是什么? 对苗龄有什么要求?

培育壮苗是茄子育苗的基本目的,也是茄子早熟、丰产的重要物质基础。茄子壮苗的外部形态标准是:秧苗生长健壮,高度适中,大小整齐,既不徒长,也不老化;叶片大而肥厚,叶色正常,子叶保存完好;根系发达,干物质含量高;花芽分化早、发育良好等。壮苗定植后发根快,一般不需缓苗,生长旺盛,抗逆性强,开花结果早,产量高。但不同的育苗形式和不同茬口的壮苗标准不完全一样。

常规育苗的壮苗标准:茎秆粗壮,节间短,根系发达、完整、颜色洁白,株高18～20厘米,叶色浓绿,叶片肥厚,早熟品种6～7片真叶,中晚熟品种8～9片真叶,无病虫害,叶片无损伤,大小均匀

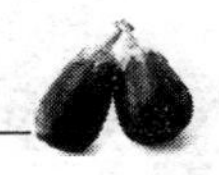

一致，并经过低温锻炼的幼苗，一般苗龄 80～100 天。

穴盘育苗的壮苗标准：茎秆粗壮，节间短，叶片大而肥厚、叶色浓绿，5～6 片真叶，无病虫害，大小一致，并经过低温锻炼的幼苗，一般苗龄 60～70 天。

夏季育苗的壮苗标准：生长健壮，节间较短，叶色浓绿，根系发达，3～4 片真叶，无病虫危害，叶片无损伤，大小均匀一致，一般苗龄 35～45 天。

3. 茄子有哪几种育苗方式？各有什么特点？

茄子育苗方法因地区、茬口、种植模式、生产习惯等不同而有差异，但创造适宜茄子幼苗生长的环境条件，培育壮苗是最终目标。茄子育苗方式主要有常规育苗、营养钵育苗、穴盘无土育苗、营养块育苗、现代化工厂化育苗 5 种方式。散户育苗以常规育苗、营养钵育苗为主；工厂化育苗以穴盘无土育苗、营养块育苗、现代化工厂化育苗为主。

(1)常规育苗 指直接就地做畦育苗。苗床床土要求：3～5 年内没有种过茄科作物；土壤疏松，透气性好；土壤肥沃，营养齐全；不含病原菌和害虫。

(2)营养钵育苗 是菜农较常用的育苗方式。营养钵用聚乙烯塑料压制而成，多数产品上口大，底部小，底部有排水孔，如小花盆状。茄子育苗常用规格为 10 厘米×8 厘米或 8 厘米×8 厘米 2 种，将营养土装入育苗钵中，摆放在畦内备用，一般茄子一钵一粒种子。

(3)穴盘无土育苗 穴盘无土育苗是目前生产上应用较多，简便易行，成活率高的一种育苗方法，已在茄子主产区的种植户、示范园区、小型育苗场广泛应用。可根据育苗季节不同选择不同的穴盘，冬春季育苗：苗龄 70～80 天，5～6 片真叶，一般选用 50 孔

穴盘；夏季育苗，苗龄 40～45 天，3～4 片真叶，幼苗较小，可选用 72 孔穴盘。

(4)**营养块育苗** 用已经配好的营养草炭土压制成的定型营养块，按 10 厘米行距、8～10 厘米株距，将营养块摆放在畦内，营养块之间的空隙可用细沙填平。直接将种子播入块穴中覆土，一块播 1 粒种子。

(5)**现代化工厂化育苗** 目前最先进的育苗设施。在大型现代化连栋温室、日光温室或塑料大棚中进行育苗，并配有必要的加温设备和保温设施，大型温室提倡采用移动苗床，并配备配套的排水设施，一般选用 50 孔或 72 孔穴盘，整个育苗过程采用现代化的温控管理。现代化工厂化育苗是在不适宜幼苗生长的季节里，利用一些高标准的设施、技术，提供幼苗不同生育阶段所需的温度、光照、水分和养分等条件，培育健康、整齐一致的壮苗。它同传统育苗相比存在以下优点：用种量少，占地面积小，可规模化批量供应商品苗；育苗时所用基质无病原菌和害虫，技术管理规范化，出苗快，幼苗健壮、整齐；全根定植，定植后不用缓苗，抗病性好，抗逆性强，产量高。

4. 茄子育苗设施有哪几种？如何因地制宜选择育苗方式？

茄子育苗设施主要有温室（日光温室和加温温室）、塑料棚、改良阳畦、荫棚等。不同季节、不同保护地栽培方式的茄子对育苗场所都有不同要求。温室早春茬、春大棚、早春双覆盖栽培，育苗时外界温度低，须在日光温室或有加温设施的温室内中进行；露地栽培可在温室、大棚或改良阳畦中育苗，华北地区秋大棚栽培或日光温室秋冬茬栽培的育苗时期正值高温多雨季节，为避免雨涝和病毒病危害，育苗应选择塑料大棚或搭建地势高燥、排水良好的荫

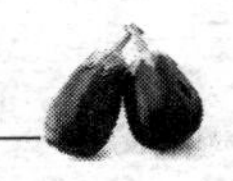

棚，荫棚上覆盖薄膜并加盖遮阳网和防虫网，随着幼苗生长，荫棚覆盖物要逐渐撤去，以防幼苗徒长。

5. 如何铺设电热线？

冬季铺设电热线育苗，加温快，受热均匀，温床温度可以人为控制，使用方便，出苗快而整齐，幼苗健壮，根系发达，很受菜农欢迎。

北方地区深冬季节温室育苗需要铺设电热线，做成坐北朝南，东西延长的苗床，床宽1.2～1.5米。采用地上式或半地下式。布线间距6～10厘米，在实际应用时，由于温床南北两侧土壤散热量大，布线要密一些，中间稀一些，保温性能差的温室内电热线可适当密些。先在床的东西两端，按设计好的布线间距钉上木桩，由3人布线，两端各由一个人把电热线绕在木桩上，中间一个人调整，把电热线拉紧调直，不能交叉打结，引出线要从一侧拉出来接在电源上或控温仪上。布完线通电检查，没有问题时可铺床土，一般厚度5～10厘米，在床土中插地温计或配备控温仪，观察地温。

6. 使用电热线应该注意哪些事项？

电热线使用前需经过简单培训，最好由专人负责，确保用电安全。选择电热线时最好要选用优质产品，保证不漏电。使用电热线时应注意，电热线的长度是按功率设计的，使用中不能随意剪短。电热线必须整根埋入土壤中使用，包括引出线接头部分也要埋在土中，不得暴露在空气中通电使用。在温床上进行播种、移苗操作时，应切断电源，防治发生触电危险。在做温床铺线和育苗结束起线时要多加小心，轻拿轻放，不要用力拉，防止断线。无论是新线还是旧线，使用前都要先做通电检查，断线、绝缘层破损，甚至露出芯线的，都要修复好后再使用。使用过程中发现秧苗停止生长、床面冒热气、萎蔫等现象，说明电热线可能出现断线，要先切断电源，然后扒开床土进行检查，修理。

7. 茄子育苗营养土如何配制？

培育茄子壮苗必须配制营养土，营养土的优劣与幼苗生长和发育有很大关系。常用的营养土配方如下。

第一种，园田土6份、腐熟圈粪3份、腐熟马粪1份。若土质黏重，可按园田土4份、圈粪3份、牛马粪3份的比例配制。每立方米营养土加入三元复合肥1.0千克，再喷施68%精甲霜·锰锌水分散粒剂100克、2.5%咯菌腈悬浮剂100毫升拌匀，可有效防治立枯病、炭疽病、猝倒病等苗期病害。注意，最好选用未种过菜的大田土育苗，营养土要打碎、过筛，并混合均匀。

第二种，按体积计算基质比，草炭∶蛭石∶鸡粪∶牛粪＝1∶1∶0.5∶0.5，或草炭∶蛭石＝2∶1，或草炭∶蛭石∶废菇料＝1∶1∶1，每立方米加入三元复合肥1～2千克，冬春季育苗用肥多，夏季育苗适当减少用肥量，注意基质与肥料充分混合后备用。

8. 如何进行温室及床土消毒处理？

温室内湿度高、光照弱，有利于各种病虫害的发生，加上连年重茬，病原菌的基数逐年加大，导致温室蔬菜病虫害逐年加重，利用烟雾剂防治病虫害是棚室蔬菜病虫害防治的主要发展趋势，定植前进行熏棚，高效、安全、经济。另外，茄子一些病害是通过土壤传播的，因此对育苗床土进行消毒能够消灭床土病原，减轻苗期病害的发生。对温室和床土消毒处理方法如下。

(1)药剂喷淋　在播前床土浇透水后，用68%精甲霜·锰锌水分散粒剂500～600倍液喷洒苗床，每平方米喷洒2～4升。播种后覆上土后再用该药对苗床表面进行喷洒，可以有效预防立枯病、猝倒病。

(2)拌药土　如果在配制苗床土时未用药剂处理的，可拌药土。用68%精甲霜·锰锌水分散粒剂和50%多菌灵可湿性粉剂1∶1混合，按每平方米用药100克与15千克细土混合，播种时1/3铺在床面，2/3覆盖在种子上。注意覆土厚度不够时用细土补上。

(3)温室熏蒸消毒　用45%百菌清烟雾剂，每667米^{2}大棚用量为200～250克，或每667米^{2}用500克木屑拌硫磺粉200～250克，分点摆放，按次序暗火点燃，可有效杀灭病菌；每667米^{2}用适量木屑，吸附80%敌敌畏乳油150～300毫升，制成敌敌畏烟雾剂，分点放在瓦片或盆中施放，密闭温室2～3天，可有效杀灭虫、卵。

9. 种子如何准备和处理？

播种前检测种子发芽率，选择发芽率大于85%、籽粒饱满、无破损、整齐一致的种子准备播种，包衣种子可直接播种，未包衣种子要进行种子消毒后播种。常见的种子消毒方法主要有以下4种。

(1)温汤浸种消毒法　将种子浸泡在55℃温水中，不断搅拌，直到水温降至常温，然后浸种20～24小时，可有效杀灭种子表面携带的病菌。

(2)药剂消毒法　用1%的高锰酸钾溶液浸种30分钟，冲洗干净，捞出再用温汤浸种法浸种，可防治病毒病和真菌性病害；用10%磷酸三钠浸泡15～20分钟，然后用清水冲洗干净，可钝化病

毒活性，防止病毒病的发生；用 40%甲醛 300 倍液浸种 90 分钟，捞出洗净，晾干播种，可防治枯萎病；用 1%硫酸铜溶液浸种 5 分钟，捞出洗净，可防治细菌性斑点病、炭疽病等。

(3)**药剂拌种消毒法**　将温汤浸种的种子晾干后，每千克种子用 1 克福美双或百菌清或多菌灵等农药的可湿性粉剂拌种后播种，可防治猝倒病。

(4)**干热消毒法**　先将种子在阳光下晾晒，使其含水量降低后，置于 72℃下处理 2～3 天，可防止病毒感染，并兼治真菌性和细菌性病害。干热处理应严格控制温度，温度过高会杀死种子。种子要干燥，陈种子不宜处理，处理后的种子不能长期保存。

10. 种子如何催芽?

把浸好的种子用湿布包好，放在 28℃～30℃的条件下催芽，催芽过程中不必每天用清水淘洗，保持包布湿润即可，注意翻倒装有催芽种子的布袋使其受热均匀，大约 3～5 天即可出芽。若进行变温催芽(每天 16 小时 30℃，8 小时 20℃)，能明显提高出芽的整齐度，且芽壮。

茄子嫁接用的砧木种子发芽和出苗慢，尤其是托鲁巴姆种子休眠性强，可以用赤霉素(九二 O)处理。将砧木种子温汤浸种后，用 0.1%～0.2%赤霉素溶液浸泡 20 小时，然后用清水洗净、沥干，进行变温催芽(15℃ 16 小时，30℃ 8 小时)，7～9 天即可出芽。

11. 茄子播种中容易出现哪些问题?

播种是一项细致而技术性强的工作，稍一疏忽就会出现问题。播种中容易出现如下问题。

(1)**床土板结**　由于土质不好或浇水不当引起的床土表面干

硬结皮，阻止空气流通，妨碍种子发芽时对氧气的需要，不利于种子发芽。已发芽的种子被板结土层压住，不能顺利钻出土面，幼苗茎细弯曲，叶色发黄，不利于培育壮苗。

(2)**不出苗**　一是种子质量低劣，发芽率低；二是环境条件不适，育苗遇到高温多雨季节，温度过高，超过35℃，或湿度过大也会影响种子发芽，甚至已发芽的种子死亡；三是温度过低，播种后长期低于15℃，使萌发的种子发生沤根、沤芽而不能出苗。

(3)**出苗不整齐**　出苗不整齐有2种情况：一种是出苗时间不一致，会给管理增加困难；另一种是整个畦内秧苗分布不均匀。

(4)**带帽出土**　覆土过薄，表土过干是造成幼苗带帽出土的主要原因。

12. 茄子播种到分苗期间怎样进行苗床管理？

从播种到齐苗阶段主要工作是增温、保湿。土温不应低于17℃，最适土温为20℃～25℃，最适气温为25℃～30℃。温度不能满足要求时及时采取增温措施，保证幼苗生长需要。当幼苗开始出土时要及时揭除地膜。

从齐苗到分苗阶段，即从齐苗到幼苗2～3片真叶展开前。此期应适当降低气温，防止幼苗徒长。白天温度保持在20℃～25℃，夜间15℃～20℃。晴天中午温度高于30℃时适当放风。一般情况下不浇水，特别干旱时可用喷壶喷水，还可用叶面喷肥增加营养。

13. 茄子为什么要分苗？如何分苗？

茄子播种量较大，出苗后拥挤，幼苗之间营养竞争较激烈，相互遮阴容易徒长。分苗可以保证幼苗有足够的营养面积和光照，

同时还能切断茄子的主根，使其在 0～20 厘米的土层中有强大的须根系，以提高吸收功能。

分苗一般在花芽分化前，2 叶 1 心时进行。要选在晴天上午分苗，起苗时要保留较多的根系，按大小苗分级，大苗栽到苗床两边，小苗栽到苗床中间，以便使幼苗生长一致。分苗畦一般都是南北延长的，分苗时应从一端开始，先开 5～6 厘米深的沟，浇水至八分满，水快渗完时按 6～8 厘米的株距摆苗，深度以不埋住子叶为准。栽后再覆土盖严，不要留下沟痕或将床面弄湿，以防板结，以后保持沟距 10 厘米，分苗后要覆盖塑料膜和草苫，以防日晒萎蔫。

14. 茄子从分苗到定植前如何管理？

分苗到定植阶段主要是保证幼苗正常健壮生长和花芽分化及发育。白天上午 25℃～28℃，不超过 30℃，下午 25℃～20℃、前半夜 20℃～18℃、后半夜 17℃～15℃为宜。阴天适当降低昼夜管理温度。低温掌握在 18℃～22℃，不低于 16℃，苗期温度主要通过放风量和揭盖草苫的早晚来调节。还要注意结合温度管理适时放风排湿防病。

15. 茄子如何进行定植前的苗期锻炼？

定植前 7～10 天进行低温炼苗，白天温度可降低至 20℃左右，夜间在保证秧苗不受冻的限度内，应尽量降低温度，一般可降至 10℃左右，降温要逐渐进行，不可突然降得过多，以免秧苗受到伤害。白天逐渐加大通风量，定植前 3～5 天夜间可不用覆盖保温材料，使秧苗所处温度条件与定植环境一致。炼苗期间适当控制浇水，可控制秧苗地上部分的生长，促进根系发育，若秧苗不发生萎蔫则不必浇水。

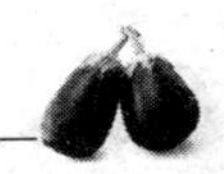

16. 茄子育苗过程中易出现哪些问题？如何防治？

茄子苗期最容易发生僵化、徒长和沤根现象，要分析原因，提出有效的防治措施。

(1)**僵化苗**　主要表现为：幼苗茎细，叶小，根少，不易发生新根，易落花、落果，产量低，在冷床育苗中常出现。主要原因是床土长期过干和床温过低引起的。防治措施：提高地温和气温，适当浇水，喷 10～30 微克/克的赤霉素，每平方米用稀释的药液 100 克左右。

(2)**徒长苗**　主要表现为茎纤细，节间长，叶薄，色淡，根系少，抗性差，缓苗慢，成活率低，易落花落果，产量低。主要原因是光照不足和温度过高，氮肥过多，土壤湿度过大造成的。防治方法：增加光照，降低温度，适当控制浇水，喷施磷、钾肥，还可喷施矮壮素(50%水剂)20～50 毫克/千克，每平方米用药水 1 升左右。

(3)**沤根、寒根及烧根**　沤根是由于床土湿度过大，根系缺氧造成的，地上部停止发育，叶片灰绿色，逐渐变黄。寒根是由于苗床土温太低引起的。沤根和寒根常一起发生。防治措施是控制苗床浇水量，用电热温床育苗，及时通风排湿、撒干土吸湿或松土，以增加水分蒸发。烧根是由于苗床肥料过多、肥料发酵升温或土壤溶液浓度过大所致。烧根后根系很弱、变黄，叶片小，叶面发皱，边缘焦黄，植株矮小；防治措施是施肥量要适当，使用腐熟肥料，已烧根的可适当多浇水，并提高床温可缓解。

17. 茄子育苗过程中如何应对异常天气？

冬春季茄子育苗，经常遇到阴雨天、大风、降雪等异常天气，对

育苗工作极为不利。为减轻危害，可采取下列相应措施。

(1)**连阴天** 育苗期间遇到连阴天也要揭开草苫等覆盖物，让幼苗能见一些散射光，防止幼苗叶色由绿变黄，长势柔弱，揭苫时间的长短可根据天气情况来确定。夜间应增加防寒设备，确保幼苗生长所需的最低温度。此外，连阴天以后一旦晴天太阳出来，要注意不能将草苫一下全部揭开，可隔一块揭一块，如果发现苗子萎蔫，应立即把草苫重新盖上，等秧苗恢复正常后再揭开草苫。如果突然全部揭开草苫，由于光照强，温度上升快，幼苗很容易失水而萎蔫，严重时可能会无法恢复而枯死。

(2)**雪天** 冬季育苗遇到下雪天，应边降雪边清除积雪，避免积雪成灾而造成压塌温室等经济损失。

(3)**大风天** 冬季温室压膜线要固定好，遇到刮风天还要将草苫用绳固定好或压牢，防止被风揭掉。白天可根据风力大小灵活掌握放风口的大小，如遇大风可关闭放风口，防止扯破棚膜，关闭放风口后要密切关注棚内温度，如果温度超过 32℃，可用隔一块草苫揭一块的办法降温。

(4)**连雨天** 春季育苗，遇到降雨时要把草苫卷起来，以免湿透草苫；降雨过后，要及时晾晒草苫等覆盖物，草苫过湿卷放不便，也影响使用寿命。

18. 茄子穴盘育苗如何选种与播种?

茄子穴盘育苗要求精量播种，即一穴播 1 粒种子，因此要求严格选种，选择饱满、无病、无破损、纯度高的种子，以确保出苗率和幼苗健壮。种子最好催芽后播种，将露白的种子直接播于 50 孔的穴盘中，播种深度为 1 厘米左右，播后用蛭石等轻基质进行覆盖，播种作业完成后覆盖薄膜保湿。

19. 茄子出苗后应如何管理？

为防止种子带帽出土，拱土时可覆盖一层湿润的细土。常规育苗茄子，齐苗后及时间苗，保持苗距2～3厘米，幼苗长到2～3片真叶时分苗，分苗密度以苗距10厘米为宜。苗距过小，不仅影响苗床内光照造成徒长，而且影响花芽分化，造成短柱花增多。缓苗后，可叶面喷洒尿素、磷酸二氢钾、糖、醋各0.3%的混合液肥。

茄子苗期温度、湿度和光照管理要点如下。

(1)**温度管理**　冬春季茄子苗床温度管理要掌握“两高两低一锻炼”的原则，播种后的出苗、分苗后的缓苗阶段，要求温度较高，白天28℃～30℃，夜间25℃～20℃为宜，齐苗和缓苗后适当降低温度，白天25℃～28℃，夜间20℃～15℃，定植前7～10天进行低温炼苗；夏秋季育苗，外界气温较高，应采取遮阳降温、通风降温等措施，使温度尽量控制在发芽和幼苗生长适宜温度范围之内。

(2)**湿度管理**　出苗过程中，如果床土逐渐干燥，出现旱情，应适当补充水分。为了防止床土板结，应当用多孔喷壶有顺序地从一端向另一端喷洒，但不宜多次重复喷洒，使床土保持湿润，避免床土板结过硬而降低出苗率。出苗后土壤干旱，可适当浇小水。夏秋季育苗由于天气炎热，水分散失快，在播种后至出苗前，应经常浇水，保持土壤湿润，同时，也可以起到降低地温的作用。出苗后根据实际情况，尽量少浇或不浇水，并及早定植。

(3)**光照管理**　茄子是喜光作物，要尽可能地增加光照，冬春季育苗可选用无滴膜，尽量早揭晚盖草苫，经常清扫膜面，阴天也要坚持揭苫见散射光。遇连阴天，可用人工补光，一般要达到2000～3000勒克斯以上才能见效；夏秋季育苗，播种后适当遮光降温，促进出苗，发现幼苗拱土，及时揭除苗床覆盖物，让幼苗及时见光，防徒长。注意在子叶顶土期间，晴天中午前后温度过高，棚顶可用遮阳网等遮阴，出苗后逐渐撤去遮阳网，增加光照，防止徒长，培育壮苗。

20. 茄子无土育苗是否必须浇灌营养液？如何配制营养液？

无土育苗过程中是否必须浇灌营养液根据所采用的无土育苗方式而定。采用水培育苗方法时，幼苗生长所需要的营养物质完全由营养液来提供，因此，必须浇灌营养液。采用基质育苗方法时，基质中添加了足够的营养物质，一般不用浇营养液，如果发现幼苗缺肥，可浇灌适量营养液来补充养分。适宜茄子无土育苗的营养液配方有多种，这里推荐以下几种配方供参考采用。

配方1：1000升水加入尿素400～500克、磷酸二氢钾450～600克、硫酸镁500克、硫酸钙500克。该营养液配方中，包括了茄苗所需要的各种大量营养元素，适合于茄子各种无土育苗方式，尤其是采用水培育苗，或采用沙砾、碎石、炉渣、蛭石、珍珠岩、炭化稻壳等材料为基质进行育苗时，必须采用此类配方。此法营养液配制成本较高，当基质中养分含量较高时，则不必采用该配方。

配方2：1000升水加入尿素400～500克、磷酸二氢钾450～500克。该配方只是为营养液提供了氮、磷、钾3种大量元素，适用于基质中含有少量营养物质的有机基质育苗方法。

配方3：1000升水加入磷酸二氢钾400～500克、硝酸铵600～700克。该配方的适用范围同配方2。

配方4：1000升水加入硫酸镁500克、硝酸铵320克、硝酸钾810克、过磷酸钙550克。该配方的适用范围同配方1。

需要说明的是上述营养液在配制好了以后不能直接用于浇灌幼苗，应对营养液的酸碱度进行测试，茄子幼苗适宜酸碱度为pH值6.0～6.5，可使用硫酸或氢氧化钠等进行调整。

21. 茄子穴盘苗在运输过程中应注意哪些问题?

冬春季节气温较低,穴盘苗在运输过程中,要注意保温,可用保温车、厢式货车等密闭效果较好的车辆运输;注意幼苗的叶子、根系在运输过程中不能受损,可定制专用运苗架子、运苗箱子等;保持适宜的湿度和温度,防止失水,确保幼苗有良好的生命力;最好随运到随栽种,如不能及时定植可置于保温效果较好的棚室内。

22. 为什么要进行茄子嫁接育苗?

茄子嫁接育苗可避免连作造成的土传性病虫害和连作障碍逐年加重的问题,增强植株的耐低温、抵抗病虫害能力,扩大根系的吸收空间,改进植株的经济性状,提高产量。我国茄子嫁接育苗起步晚,但推广普及速度很快,目前茄子嫁接育苗技术在设施栽培中已得到广泛应用,尤其是日光温室长季节茄子生产,嫁接育苗栽培已经成为一项主要技术措施。

23. 茄子嫁接育苗要注意哪些问题?

嫁接苗是把接穗和砧木结合为一个完整的植株,要求接合部要达到完全愈合,植株外观完整,内部组织连接紧密,养分、水分疏导通畅。要做到嫁接成活率高、质量好,与接穗的苗龄大小、切口的性状和嫁接时间、嫁接技术、嫁接后的管理有很大关系。因此,嫁接时应注意如下问题。

第一,嫁接场所要求整洁、温湿度适宜。要求操作环境干净,不受阳光直射,少与外界接触,温度在20℃～24℃,空气相对湿度

80%左右。一般需在温室或大棚中进行。

第二，嫁接刀片要锋利、干净，夹子要消毒，如用双面刀片需沿中线截成两片，并掰掉两端无刀锋的部分。在嫁接过程中需置在干净处备用，不得沾上泥土。

第三，清除病苗。嫁接时防止器具和操作人员传播病害，所以在嫁接前剔除病苗。另外，器具和手要多用酒精或高锰酸钾溶液消毒，刀片干后方可使用，否则切口沾水或药液后愈合困难。

第四，嫁接时砧木至少保留 2 片真叶，嫁接部位离地面最好 3 厘米以上，切忌在子叶部位嫁接，以免接口位置降低，定植后易被埋在土中。

第五，劈接时，切口的位置要处于茎的中间，不要偏向一侧。斜切接时，斜面要削得平整，而且要有一定长度，不能过小，否则不易接合牢固。

第六，严格防止接穗发生自生根，保持嫁接部位清洁，及时去掉砧木上萌发的蘖芽，定植时，嫁接口不能埋入土中，严防自生根的产生。

第七，避免过分连作，采取多种措施防病。砧木虽然抗病性、抗逆性强，但由于连作障碍的逐年增加，土壤环境的不断变化，生产中会有其他病害成为主要病害，给生产造成损失。

24. 茄子嫁接育苗要做哪些准备工作?

茄子嫁接育苗的播种期比常规育苗提前 10～15 天，以弥补由于嫁接愈合所造成的非生长期；根据不同的嫁接方法选择砧木和接穗的适宜播种期，一般砧木开始出苗后，播种接穗；根据不同栽培茬口，选择适宜的砧木和接穗，达到高产高效；砧木催芽，野生茄子的休眠性差别较大，对休眠性较强的砧木种子，在催芽前可用赤霉素处理或变温催芽，用以打破休眠。

25. 茄子嫁接方法有几种?

茄子嫁接方法有 5 种：劈接法、靠接法、针接法、插接法、套管贴接法。以劈接法最为普遍。

26. 茄子劈接法如何操作?

劈接法是茄子嫁接中采用较多的方法之一，其优点是接穗不论粗细，均可使用。砧木应比接穗早播 20 天左右，待砧木 4～5 片叶，接穗 3～4 片真叶时开始嫁接。首先在砧木距离茎基部 5～7 厘米处，用刀片平切砧木茎，将上部茎叶一次性切除，然后在切口处沿茎中心线向下切开 1.0～1.2 厘米。再将接穗保留 1～2 片真叶，削成 1.0～1.2 厘米长的楔形，楔形的大小与砧木切口相对应，把接穗插入砧木的切口中，对齐后，用夹子固定。

27. 茄子靠接法如何操作?

靠接法接穗带根操作，成活率较高，适合高温期育苗。一般接穗比砧木晚播 15～20 天。砧木有 4～5 片真叶，株高 10 厘米以上，茎粗 3～4 厘米，接穗有 3～4 片真叶时进行嫁接。嫁接时一般都将砧木和接穗从塑料钵中取出，尽量少伤根。嫁接前砧木去掉生长点，切口在离茎基部 5～7 厘米处，用刀片自上而下斜切一刀，角度 30°～40°，切口长 1 厘米左右，深度为茎粗的 2/3；接穗在和砧木切口相匹配的位置在子叶下方由下向上斜切一刀，刀口的角度、长度与砧木相同，宽度为茎粗的 3/5。将接穗的舌形切口插入砧木切口中，用嫁接夹固定。

28. 茄子针接法如何操作?

针接法是直接用针将接穗与砧木固定,方法简便,嫁接效率高。该方法需用茎粗在3厘米以下的小苗,所以针接苗与劈接、插接苗大小相近。针的粗度0.5厘米,长约15厘米,材料使用钢针、竹针,断面为六角形。嫁接适期接穗有2.5片真叶;砧木赤茄有3~3.5片真叶,托鲁巴姆有4.5~5片真叶。砧木和接穗在第一真叶与子叶间断茎,应尽可能使砧木和接穗茎的切断面角度一致,应水平切或呈45°角。然后将针插入砧木中深0.7~0.8厘米,再将接穗插入即可。

29. 茄子插接法如何操作?

茄子采用插接法嫁接,砧木应比接穗提早播种15天左右,待砧木3~4片真叶,接穗2~3片真叶时开始嫁接。在接穗苗子叶下削成5毫米左右的楔形接口,砧木苗留一片真叶切断,用竹签稍微斜着扎成1个接孔,把接穗插上即可。扎孔的深度以扎透侧面的表皮为准。

30. 茄子套管贴接法如何操作?

套管贴接法与传统嫁接方法相比,具有速度快、效率高、操作简便的优点。当接穗和砧木都具有2.5片真叶,株高约5厘米(传统靠接4~5片叶、株高12~15厘米)时进行嫁接。在砧木子叶上0.6~0.8厘米的第一节间斜切,呈30°角,与套管斜口方向一致,以同样角度切接穗,并将接穗插入套管中,使砧木和接穗的切口相互密接。选用专用嫁接固定用塑料套管。

31. 茄子嫁接的优良砧木有哪些?

茄子生产中常见的土传病害主要有黄萎病、枯萎病、青枯病及根结线虫病,针对上述病害,育种工作者陆续推出了一些抗病的砧木品种,目前国内外生产上使用的茄子砧木大都是从野生茄子中筛选出来的对单一或多种病害高抗或免疫的品种或杂交种。现将主要的砧木品种介绍如下:托鲁巴姆、CRP、赤茄、耐病 VF。托鲁巴姆提早 25~30 天,CRP 提早 20~25 天。茄子砧木野生性较强,特别是托鲁巴姆,由于采种时间早晚、果实成熟及后熟时间的不同,种子的休眠性差别较大。对休眠性较强的砧木种子在催芽前可用赤霉素处理,用以打破休眠。一般是用 100~200 毫升/升赤霉素溶液浸泡 24 小时,赤霉素处理时应放在 20℃~30℃条件下,如果温度低效果较差。注意赤霉素的浓度不要过高,否则出芽后易徒长。处理后种子一定要用清水洗净,在变温条件下进行催芽,可促进发芽。休眠程度轻的种子不用进行任何处理,可直接浸种催芽。一般需 12~14 天才能发芽,较正常的茄子出芽时间长。催芽期间,每天要投洗种子 1 次,使种子湿润、透气、温度均匀,出芽后可适当地降低温度。对于易发芽的砧木种子如赤茄、耐病 VF,直接进行温汤浸种,即用 55℃热水浸种 30 分钟,注意搅拌。然后用 20℃~30℃清水浸泡 12~14 小时。在 25℃~30℃条件下催芽,7 天左右可以出芽;若采用每天 16 小时 30℃和 8 小时 20℃变温催芽,整齐度明显提高。

32. 茄子嫁接苗愈合期如何管理?

茄子嫁接苗接口愈合期为 7~10 天,这一阶段主要是为其创造适宜的温度、湿度及光照条件,促进接口快速愈合。茄子嫁接苗

愈合期管理要点如下。

(1)温度 白天25℃～26℃，夜间20℃～22℃，温度低于20℃或高于30℃均不利于接口愈合。早春温度低，要采用各种增温措施；夏季高温季节嫁接，要尽量降低温度创造适宜幼苗生长的环境。

(2)湿度 嫁接后前3天，空气相对湿度要达到90%以上，盖严小拱棚，尽量不放风，使育苗场所密闭；3天后逐渐通风，由小到大，以幼苗不萎蔫为准；5天后逐渐将湿度降低至80%，加大通风，幼苗适当多见光；7天后幼苗成活，转入正常的湿度管理。

(3)光照 嫁接后先遮光，避免阳光直接照射秧苗，引起接穗过度失水萎蔫。3天后逐渐见光，以后半遮光（两侧见光），逐渐撤掉覆盖物及小拱棚塑料，7天以后恢复正常管理。如遇阴雨天可不用遮光。注意遮光时间不能过长，否则会影响嫁接苗的生长。

33. 茄子嫁接苗接口愈合后应如何进行管理？

茄子嫁接苗接口愈合后管理要点如下。

(1)摘除砧木侧芽 嫁接苗砧木侧芽萌发、生长很快，如果不及时去掉，很快长成新枝，直接影响接穗的生长发育。所以在接口愈合后，应及时摘除砧木侧芽，去除干净彻底。

(2)分级管理 嫁接成活后根据秧苗质量进行大小分级，把接口愈合牢固、恢复生长较快的大苗放到一起。把愈合不良、生长较慢的小苗放在温度、光照条件好的位置，集中管理，淘汰假成活的苗子。

(3)去除固定物 茄子嫁接苗去夹过早，会造成愈合不牢固、嫁接苗在搬动过程中从接口处折断等问题。一般可延迟到定植前后再去夹，这样还可以防止定植时埋土超过接口。

(4)成苗期管理 成苗阶段水分要充足，保持土壤湿润，不能缺水。在定植前7～10天开始对秧苗进行低温锻炼，控制灌水，加大放风量，减少覆盖。白天气温20℃左右，夜间10℃～12℃。在定植前的1～2天要进行一次病虫害防治处理。

四、日光温室茄子生产关键技术

1. 日光温室的主要类型有哪些?

日光温室主要有如下类型。

(1)矮后墙、长后屋面拱形日光温室 后墙高度0.5～1.2米,厚度不少于1米。后屋面一般为水泥混合结构,长度为2.5～3米,厚度为40～60厘米。每隔3米立1根中柱,中柱下端向南倾斜10°～15°,建好的后屋面脊高一般为2.5米左右。前采光面选用竹片、钢筋或钢筋竹片混合。室内跨度一般为6米。优点是防寒保暖性好,白天升温较快,晚上温度下降平缓,缺点是室内光照不均匀。

(2)高后墙、短后屋面拱形日光温室 温室跨度6～7米,脊高2.8～3米,后墙高度1.4～1.8米,后屋面长度1.5～1.8米,后屋面与水平面夹角为30°～50°。后墙厚度不小于0.8米,可选用土墙、砖墙和土砖结合。后屋面也可采用水泥预制板,在后墙加砌女儿墙,后屋面用炉渣填平。前采光面骨架可采用竹木、钢筋竹木混合结构、钢筋3种。优点是晴天升温快,温室内土地利用率高,缺点是保温性能稍差。

(3)半地下式日光温室 这种温室的结构和高后墙、矮后屋面的温室结构相似。温室地平面以下深0.5米左右,后墙地平面以上高1.5米左右,墙体厚度不小于1米,后屋面长1.5米左右,脊高2.5～2.8米,温室跨度6～7米,后墙多为土墙,也可采用砖砌墙,砖墙外侧堆土保温。后屋面骨架由中柱、南北斜梁、檩构成,上面用作物秸秆、泥土封顶,顶面厚度不少于0.4米,前采光面骨架

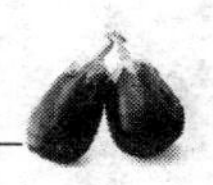

采用竹木或钢木混合结构。建造这种温室要注意地下部分不能太深，避免温室南边形成较大的常年阴影区，以致影响温室的温度性能。另外，在建造温室前必须设计排水沟，防止温室雨季积水影响种植。

(4)冀优Ⅰ型日光温室 冀优Ⅰ型日光温室南北跨度6～6.5米，中脊高3米，后墙内高2米、底宽1米、上宽0.8米，中脊垂点距后墙1.55米，前屋面每1.3米一道拱梁，室内栽培床面比自然地面低30厘米。骨架为半拱形钢筋水泥无柱拱梁。该温室特点是室内无支柱，土地利用率高，适宜机械作业，骨架使用年限长，投资少，成本低，建造简单。成功地解决了竹木结构温室强度差、寿命短和钢筋结构温室成本高的难题，是竹木结构骨架的换代产品。

(5)节能型日光温室 配套设施优化的节能型日光温室，一般跨度8～10米，采光角度23°以上，墙体厚度达到当地冻土层3倍以上的标准，温室采光、保温、通风达到最佳条件，采用透光、保温、防尘性能好的棚膜，深冬最低室内气温不低于8℃，地温不低于11℃。

(6)资源节约型日光温室 温室跨度8米，脊高为3.5米，半地下式下挖60～70厘米，实际棚高4.1米左右。地面与棚的夹角70°，1.2米处夹角25°，前坡屋面角为23°，后屋面角度为45°，后屋面玉米秸上层土平均厚30厘米。墙体厚度2.5～3米，一般棚间距为17～18米。另外，还要在温室一头开门处建好缓冲间，前底角东西向挖一道深30厘米、宽25～30厘米的防寒沟，沟内可填杂草、树叶，也可空着，沟上铺秸秆盖土或抹泥，防止透风。这种温室墙体比山东温室的墙体薄，节约土地资源，而且保温性能好，增温速度快，蓄热效果显著，抗风抗雪能力强。

2. 建造日光温室选址应注意什么问题?

建造日光温室选址应注意如下问题。

第一,避开污染源。土壤环境没有污染物,如重金属、废弃塑料物等;灌溉用水要符合国家农田灌溉水标准;空气清洁,无有害气体、烟尘等污染。

第二,选择肥沃土壤,尽量不要在黏土地和沙地上建温室。黏土地浇水追肥不方便,不利于根系生长;沙地肥力低,容易跑水跑肥,不易获得高产。

第三,选择地势高燥的地方,避开低洼地,能排能灌,水电条件便利。

第四,交通便利,有利于产品销售、运输。

第五,场地周围无高大建筑物和树木遮阴。多风地区要考虑风向,避开风口,保证温室及覆盖物安全。

3. 建造日光温室设计上应注意什么问题?

建造日光温室设计上应注意如下问题。

(1)**长度**　一般认为 70～100 米为宜。过短不仅增加单位面积造价,两边山墙遮阴面积也较大,影响光合作用;温室过长,室内温度不易控制一致,产品和生产资料运输不方便。

(2)**跨度**　指从温室北墙内侧到南透明屋面底角间的距离。温室跨度大小对采光、保温、农事操作都有很大影响。一般认为,北纬 42°以北地区采用 6～7 米跨度最为适宜,北纬 40°以南地区可适当加宽。

(3)**高度**　指温室屋脊到地面的垂直距离。增加高度有利于前屋面采光,但是增加建筑成本,抗风能力下降。一般认为 8 米左

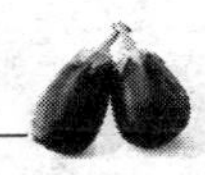

右跨度的日光温室，在北纬38°～40°，生产果菜类蔬菜，高度以3.5米左右为宜。

(4)**方位角** 日光温室多采用坐北朝南的方位。每向东或西偏斜1°，太阳直射时间出现的早或晚，相差约4分钟。原则上寒冷的高纬度地区应以南偏西5°为宜，但不超10°。

(5)**前屋面角** 指前屋面切线与地平面的夹角，理想前屋面角可以通过公式进行理论设计。日光温室合理屋面角应该根据各地具体情况设计。在合理屋面角基础上，增加5°～7°可以提高采光效果。例如，北京地区日光温室前屋面采用拱圆形为好，前底角呈50°～60°角，中段呈20°～30°角，上段呈15°～20°角。

(6)**后坡仰角** 后坡仰角的大小取决于脊高、后墙高和后坡长度。为了有利于冬季后屋面及后墙采光，有利于白天增温、夜间保温，日光温室后坡仰角要等于或稍大于当地冬至时的太阳高度角。

(7)**后墙高度和后坡长度** 后墙矮、后坡长，后坡仰角就大，冬季阳光可照到后坡内表面，保温效果好。后墙高，后坡仰角小，保温效果差。设计时要综合考虑，有利采光、保温和降低成本等方面因素。

(8)**后墙、山墙厚度** 墙体作用一是承重，二是防寒保温。例如，北纬40°地区土墙厚度以1～1.5米为宜，砖墙夹10厘米厚苯板，加宽为48～60厘米厚的空心墙，基本能满足上述要求。

4. 日光温室小气候环境有何特点？

日光温室主要利用太阳能作为能源，靠阳光照射增温和覆盖保温来满足茄子生长发育对温度的要求，在华北及其以南地区的严寒冬季，基本不需要加温，就能进行茄子生产。由于日光温室是一个相对封闭的环境，温室内温度、光照、水分、气体构成一种区别于外界气候条件的小气候环境。与自然气候相比，温室内小气候受人工干预和控制的因素较多，使用者的调控技术和管理水平对温室的光、热、水、气条件影响很大，甚至关系到蔬菜栽培的成败。

5. 日光温室内为什么要张挂反光幕？应注意哪些事项？

温室后墙悬挂反光膜进行补光，可通过直接反射太阳光提高温室内一定范围内光照，这些反射光从温室后方照向前方，较好地改善了温室内总体光环境。日光温室张挂反光幕，可有效地改善温室内小气候条件，明显增强光照，提升温度，减轻病害，提高产量。

反光膜减弱了后墙的蓄热能力，降低了温室内凌晨温度，一般在温室后墙垂挂反光膜，有条件的也可尝试用能上下移动且面积可变的反光膜补光，且使后墙受热较均匀，增大后墙蓄热量而不致使温室内凌晨气温下降过大，以提高温室生产力。

张挂反光幕的方法是：上端固定，垂直地面，下端离地面 20 厘米左右。晴天早、晚和阴天光线较弱时张挂，中午光线较强时和夜间卷起，使白天后墙和山墙多吸收热量，夜间散热升高室温，充分发挥其补光增温的作用。

6. 日光温室越冬茬茄子在管理上有哪些特点？

日光温室越冬茬茄子生产主要在冬、春季节进行，光照、温度、湿度、二氧化碳是影响生产的主要小气候因子。冬季日照时间短，温室内光线弱，是温室茄子生产中的一大障碍；温室的保温性能和热环境条件，也决定着生产的成败，只有温室内最低温度高于 8℃才能进行越冬茄子生产；日光温室经常处于密闭状态，温室的空气湿度和土壤湿度较高，容易滋生各种病害；密闭温室中气体出现

“两少一多”的现象，即温室空气中与光合作用有关的二氧化碳气体含量减少，室内土壤中供给土壤微生物需要和让植物根部呼吸利用的氧气含量减少，肥料分解、加温燃料所产生的和塑料制品产生的有害有毒气体增多。这个茬口是日光温室最难管理的一茬，风险性大，但收入最高，只有正确掌握日光温室的小气候环境条件的一般变化规律，科学管理，才能获得高产。

7. 日光温室越冬茬茄子应如何选择品种?

日光温室越冬茬茄子由于需要跨越冬季生长，因此，首先要求所选用的茄子品种必须具有良好的耐低温、耐弱光和耐高湿性能，即使在低温、寡照条件下，果实也能正常发育；其次是由于生长期较长，要求所选用茄子品种的长势必须强，即使到了生长后期，也能够保持较好的结果能力。另外，就是要求所选用茄子品种的抗病性较强。适宜日光温室茄子越冬栽培的品种有茄杂 8 号、茄杂 12 号、丰研 2 号、快圆茄等。

注意，在选种时，应选择信誉好、科研实力及经济实力强的单位种子。新品种需经过在当地小面积试种，然后再逐渐扩大试种面积，以免造成大的经济损失。

8. 日光温室越冬茬茄子应如何选择棚膜?

棚膜不同影响茄子着色，正确选用棚膜是搞好越冬茄子生产的重要一环。目前市场上销售的棚膜大体分 4 类，即无滴膜、有滴膜、复合膜和紫光膜。最好选用紫光膜、复合膜、无滴膜，不能使用有滴膜。

紫光膜能吸收和反射紫光，紫光能抑制蔬菜茎叶徒长，促进茄子着色；复合膜是目前高科技产品，由三层合成，它集中了防尘、耐老化、无滴的三大优点，比重、厚度和价格都近于无滴膜，是冬季棚菜生产使用的理想棚膜，但使用时必须把正面向上，才能收到好的效果；无滴膜，膜下无水滴滴落，透光好，棚内湿度小，棚内温度比有滴膜平均高3℃～5℃，耐老化，一般可连续使用2年以上，十分有利于冬季茄子生产和安全越冬。

9. 日光温室越冬茬茄子对土地有什么要求？如何整地施基肥？

茄子对土壤和肥料要求较高，适宜微酸性或微碱性土，一般pH值6.8～7.3最好。要求土质疏松肥沃，有机质丰富，保水保肥力强。越冬茬茄子生长期长，多次采收幼嫩果实，对土地要求严格，需要高水肥的土壤。

一定要多施基肥。一般每667米^{2}施腐熟草圈粪10000千克，并进行深翻；腐熟鸡粪3～5米^3、磷酸二铵30～50千克、硫酸钾30～50千克，用于沟施。整平后，按行距做成南北向的定植沟，一般沟宽40～50厘米，沟深30厘米，将精肥施入沟中深翻，与土充分混匀，在沟内浇水，待水渗后，起高15～20厘米、宽60～80厘米的栽培垄，垄上开小沟，准备以后覆盖地膜，膜下暗浇水。种植密度因品种而异。

10. 日光温室越冬茬茄子应什么时间播种？

日光温室茄子越冬茬栽培时，其产品采收供应期主要瞄准的是元旦、春节两大重要节日前后以及早春蔬菜供应淡季市场。播种、定植过早，虽然产品可以提前采收上市，但由于价格较低，生产者经济收益并不高，而且，由于播种定植期的提前，往往导致生长后期的植株长势衰弱而影响总体产量。播种与定植期过晚，虽然

可以保证后期植株长势，但是产品采收期过迟，尤其是深冬季节产品销售价格较高时，产品无法上市，因而影响了生产栽培的总体效益。

茄子越冬栽培的适宜播种期一般在7月下旬至8月上旬，9月下旬至10月上旬定植，果实11月上中旬开始采收，采收期可以持续到翌年7月中旬。近几年日光温室茄子都用嫁接苗，播期有提前的趋势。

11. 日光温室越冬茬茄子育苗应注意哪些问题？

由于越冬茬茄子播种育苗期正处于高温、强光照、多雨的夏季，因此其播种育苗技术要求与日光温室秋冬茬茄子播种育苗方法基本相同。但是，作为越冬茬栽培由于其生长期较长，为提高耐寒能力，保证茄子植株后期的长势，提高茄子对黄萎病、青枯病、根结线虫和根腐病的抗性，一般采用嫁接育苗。在气温较高的黄淮海地区，也可在露地做畦育苗，分苗时再转入温室内。露地育苗也要搭起拱架，上覆棚膜防雨。夏季温度较高，注意防止幼苗徒长。

12. 日光温室越冬茬茄子定植前应做好哪些准备？

日光温室越冬茬茄子定植前应做如下准备工作。

(1)**温室消毒** 为了提高土地利用率，日光温室都是安排多茬作物常年生产。因此，连作、重茬是不可避免的。又因为温度高、湿度大，经1～2年生产后，病虫害种类越来越多，时间越长，病虫害越重，各种蔬菜的残株落叶及土壤成了病虫传播的媒介和越冬的场所，加快了病虫的繁殖速度和侵染循环。所以，对于不是当年兴建投入使用的日光温室来讲，从技术环节上为了减轻病虫危害，应在温室使用前进行棚室消毒。棚室消毒的方法是在定植前2～3天，按温室空间每立方米用硫磺4克（或75%百菌清粉剂1克）加80%敌敌畏乳油0.1毫升和干锯末8克混匀后，用火点燃后熏烟，并密闭1昼夜。

(2)扣盖棚膜 为防止定植后室内土壤积水和受暴雨的影响，防止黄萎病等的发生，要求秋冬茬茄子定植前，应及时扣盖棚膜。棚膜最好选用保温、透光性能良好的防雾滴、防老化薄膜。另外在扣盖薄膜时，一般要求前屋面最好采用三幅薄膜覆盖的方法，以保证温室在不同天气情况下均能够良好通风。

(3)整地、施肥与做畦 茄子定植前要求每667米^{2}铺施有机肥10000千克、磷酸二铵50千克，最好再施入腐熟饼肥200千克，然后将土壤深耕25厘米以上。做畦可按单行50～55厘米或双行100～110厘米进行起垄。

13. 日光温室越冬茬茄子何时扣地膜?

日光温室越冬茬茄子定植时正值气温较高的夏季，定植后不用立即覆盖地膜，待土壤干湿适度时，进行中耕，增加土壤的通透性，提高土温，促使根系发育，俗话说“根深才能叶茂”。随着天气变冷，气温逐渐降低，连锄2～3遍后，当夜间棚室内温度15℃～18℃时，覆盖地膜，从地膜上划个小孔，把秧苗掏出即可，目的是增温保湿。

14. 日光温室越冬茬茄子如何定植?

定植时间9月上中旬，选择晴天上午无风时定植。采用双行错位法定植，选择生长旺盛、整齐一致的健壮无病苗，株行距因品种及种植方式而定，掌握前密后稀的原则。对于嫁接茄苗而言，定

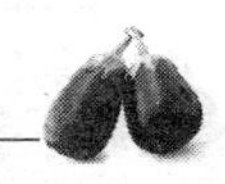

植时不宜过深，尤其是必须保证嫁接接口位置在定植后处于土面以上 3 厘米，否则将会影响植株的生长或造成土传性病害的发生。栽苗后浇足、浇透定植水，每 667 $米^2$ 随水穴施硫酸铜 2 千克拌碳酸氢铵 8 千克，预防黄萎病。

15. 日光温室越冬茬茄子如何进行温度和光照管理？

定植初期，外界气温与光照条件相对较高，温室管理工作主要是考虑如何控制温度。温室内要求温度尽量控制在白天 25℃～30℃、夜间 18℃～20℃。当白天为晴好天气时，温室往往需要大通风。此时，可以同时将底风口、腰风口和顶风口等全部打开。但是遇到降雨天气，则必须及时将各通风口关闭以防雨水进入温室造成田间积水。

随着季节的推移，外界光温条件逐步降低，温室通风量也需要逐步减小。当外界气温逐步下降，室内夜间温度低于 16℃时，关闭放风口。进入 10 月中下旬，当温度降低，温室夜间要及时覆盖草苫。之后，温室管理开始进入以保温为重点的阶段，尤其是进入冬季后，采取相应的措施，改善室内温、光条件，将成为决定茄子产量的重要因素。初冬时期，温室保温较为容易，此时，要求室内温度保持在白天 25℃～30℃、夜间 16℃以上，在此基础上，草苫应尽量做到早揭晚盖，尽量延长室内光照时间。进入严冬以后，温室保温工作难度加大，尤其是夜间保温较为困难。严冬季节，要求室内温度白天保持在 25℃～35℃、夜间 12℃以上，白天室内温度低于 35℃时不放风，目的在于通过提高室内白天温度，使得温室的墙体和土壤蓄积更多热能，以便于温室夜间温度的保持。同时要求白天室内温度高于 25℃的时段应在 6 小时以上。即使当白天室内温度过高，需要通风时，也必须注意通风口和通风时间都不宜过

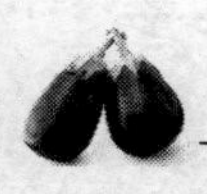

大,当室内温度低于30℃时,要及时关闭温室所有通风口。下午室内温度下降至23℃~25℃时,及时覆盖草苫。

草苫的揭盖必须以室内温度状况为前提,草苫的揭盖时间应根据室内温度变化状况合理掌握。如果早晨草苫揭开后室内温度大幅度下降,且短时间内难以恢复到揭苫前的温度水平,说明早晨揭苫时间过早。但是,温室揭苫的时间一般不应晚于上午9时。在温室保温条件能够满足相应要求和天气正常的情况下,如果温室夜间温度低于12℃,说明前一天的下午温室草苫覆盖的时间偏晚。即使是在阴天时,草苫覆盖的时间一般也应该在下午3时以后。天气正常的情况下,只要能够将温室夜间温度保持在12℃以上,就应尽量推迟下午草苫覆盖的时间,以尽可能延长室内光照时间。

除了注意延长温室光照时间之外,提高温室透光率也是温室光温环境管理的重要内容之一。透光率高不仅可以提高室内温度,而且直接有利于茄子光合作用和产量的提高。生产上,除了注意选用防雾滴薄膜外,还可在室内后墙加挂反光幕,每天揭苫后及时清扫膜外尘土、草屑等。进入立春之后,外界天气的变化特点恰恰和秋冬季相反,光照与温度条件都会逐步得以改善,温室光温环境条件的管理也会越来越容易。

16. 日光温室越冬茬茄子如何进行肥水管理?

当定植水浇过之后,应尽量减少浇水量和浇水次数,适度蹲苗,以促使茄苗根系向纵深发展、控制地上部的生长量。与此同时,需要连续中耕,减少土壤水分蒸发量,提高土壤保水能力。由于定植初期外界和室内温度和光照强度都较高,土壤水分蒸发和茄苗水分蒸腾量都较大,很容易导致土壤缺水,因此生长初期蹲苗

措施应适度。当中午温度较高、光照较强时，如发现幼苗萎蔫，应在傍晚或早晨及时浇水。

当门茄瞪眼后，标志着植株开始进入以结果为主的生长发育阶段，意味着此后的管理应增加水肥的供应。此时由于外界温度逐渐降低，室内温度和光照水平也逐渐下降，尽管茄子进入了需要加强水肥管理的生长阶段，茄子生长速度减缓、水分蒸腾量减小，对于水肥的需要量却相对减少。因此，水肥管理措施又必须根据温室内外环境条件而加以合理确定。尤其是进入冬季后，浇水应注意掌握“阴天不浇晴天浇，下午不浇上午浇”的原则。即使是需要浇水，浇水量也宜少，以防因浇水而导致土壤温度大幅度降低，可以从膜下小沟暗浇水。每次浇水时应务必注意外界天气状况，确保浇水后能够连续保持3～4天的晴好天气。一旦浇水后天气转阴，会导致空气湿度加大，很容易导致病害的发生，也会因土温下降而影响根系生理活动。立春以后，随着外界光温条件的改善，室内温度和光照强度也会相应增强，植株生长量和生长速度会明显加大，茄子对于水肥的需要量也会相应增大。尤其是进入4月份之后，浇水基本上不会再受到天气状况的限制，只要土壤需要，可以随时浇水和追肥。从总体上看，茄子属于较耐旱作物，尤其是嫁接后，由于砧木根系发达，对于土壤深层水分的吸收利用能力较强，因此，越冬茬茄子栽培的整个过程中，应注意保持土壤见干见湿，切忌土壤经常处于泥泞状态，否则将会造成土壤通透性差而影响根系的生长。

门茄瞪眼以后结合浇水开始追肥，基肥充足的门茄膨大时开始追肥。第一次追肥应以氮、磷肥为主，可每667米^{2}追施复合肥15～20千克，或每667米^{2}施15千克尿素和5千克磷酸二铵。以后每隔15～20天追肥1次，每667米^{2}随水追施尿素10～15千克、硫酸钾10～15千克，或追施大粪稀每667米^2 1000千克。但要注意追施大粪稀时不能过量，大粪稀要充分腐熟，稀释均匀，否则易引起烧根和促发黄萎病及青枯病，并可能发生氨气危害。进入 4 月份以后，随着植株生长速度的加快和结果数量的增加，追肥量也应增加，每 667 米^2 追施尿素 10～15 千克、硫酸钾 10～15 千克，一般每 7～10 天需要追肥 1 次。结果盛期还可叶面补肥，喷施 0.3％磷酸二氢钾和 0.3％尿素，7～10 天 1 次。

17. 日光温室越冬茬茄子如何整枝打杈？

越冬茬茄子生长期较长，如果放任植株生长，会造成枝条过多，影响中后期株间通风透光条件。另外，虽然单株枝条数很多，但往往很多枝条并不能有效结果，因此茄子越冬栽培必须进行整枝。茄子越冬栽培整枝的具体方法是：每株选留 2 条生长势健壮的枝条持续生长，而将其他多余的枝条全部疏除。由于茄子的一级分枝一般为 2 条，而且最初长出的这 2 条侧枝往往也是生长势最为健壮的枝条，因此生产上只保留这 2 条一级侧枝（双秆整枝）。对于所保留的枝条应从枝条的基部使用塑料绳进行牵引或吊挂，或用竹竿等材料插架，以使其基本保持直立生长状态，防止因不断结果而造成枝条被压弯或倒伏。

为适当增加单株叶面积、改善植株营养状况，也可以在疏除多余的枝条时，采用保留其一片叶进行打顶的方法。

18. 日光温室越冬茬茄子如何保花保果？使用植物生长调节剂处理应注意什么问题？

日光温室茄子生产同大、中、小棚茄子生产一样，都需要采取保花、保果措施。防止落花最根本的措施应从培育壮苗、加强管理、保护根系、改善通透条件和预防病虫害等方面做起。日光温室茄子在低温期容易出现落花、落果或畸形果，可用植物生长调节剂

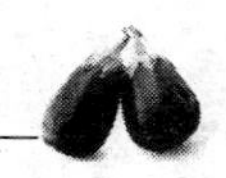

蘸花处理。常用的药剂为防落素。

防落素(PCPA,化学名称对氯苯氧乙酸,又叫番茄灵)的使用浓度一般为30～50毫克/千克,可以蘸花或喷花,浓度太低作用不显著,过高易出现畸形果、空洞果,从开花前3天到开花后2天内使用均有效果。气温低时用浓度高限,气温高时用浓度低限。防止将药液喷到嫩叶或生长点上,否则会使叶片变成条形。

激素处理的果实花冠不脱落,不利于果实着色,且易染灰霉病。果实膨大后,应轻轻摘去。使用激素时,药液最好随用随配,注意不要重复蘸花或喷花,1朵花只能蘸(喷)1次。为了避免重复蘸花,在激素中可加入少量色素(广告色)做标记,以免因重复蘸花而造成药害,导致出现畸形果和小僵果。

19. 日光温室一年一大茬茄子栽培要点是什么?

日光温室一年一大茬茄子栽培要点如下。

(1)品种选择 选用耐低温、耐弱光、冬季着色好、丰产抗病的品种,如茄杂8号。

(2)适时播种 茄子一年一大茬播种比越冬茬提前35～45天,一般6月上中旬播种,8月下旬至9月上旬定植。播种过早,高温高湿不利于生长;过晚,冬前形不成丰产架子,不利于越冬。

(3)嫁接育苗 此时正值高温季节,育苗的关键是做好降温工作,可采用多层遮阳网覆盖,但遮阳网覆盖时间过长,极易造成秧苗徒长,因此要根据秧苗长势调节覆盖时间。采用劈接法嫁接嫁接后管理要点是降温、保湿、防病。在防雨大棚内架设小拱棚,将嫁接苗移入小拱棚内,采用多层遮阳网覆盖,畦面洒水,不可将水滴到嫁接口上,禁止向秧苗喷水;3天后逐渐去掉遮阳网,锻炼秧苗,8～10天,进入正常管理,15～20天即可定植。定植前要去掉

砧木的分杈。

(4)整地施肥 每667米^{2}施优质有机肥10米^3、赛众28配方肥50千克、磷酸二铵50千克、尿素25千克、硫酸钾50千克,深耕2遍,耙平做垄。大行距1.4米,小行距1米,垄高0.20米,垄宽0.7米,小行沟宽0.3米,大行沟宽0.7米,每垄中间开沟栽苗,沟施三元复合肥40千克,株距0.7～0.8米,每667米^{2}栽植700株左右。

(5)定植后管理 定植后气温较高,要浇透定植水,2～3天再浇1次缓苗水,注意通风,严防高温伤害,中耕2～3次,促使发根。封沟时每667米^{2}施三元复合肥50千克,并适时覆盖地膜。对茄瞪眼后每667米^{2}冲施纽翠绿3千克,以后每隔15天冲施1次;9月下旬以后,白天保持26℃～30℃,夜间15℃～18℃;10月份进入结果期,加强水肥管理,可使用二氧化碳气肥,连续使用4个月;11月进入冬季管理,以增光、保温为主,要减少通风时间,后墙、山墙张挂反光幕。元旦前后当棚温降至8℃以下时,可采取临时性的保温、加温措施,如加盖双膜、棚内加二层膜等。春节后进入结果高峰期,施肥以尿素为主,每15～20天冲施1次。

20. 日光温室一年一大茬茄子如何整枝?

茄子日光温室一年一大茬越冬栽培的整枝方法与温室越冬茬不同,温室越冬茬一般采用双秆整枝法,一年一大茬可选用四秆整枝法或双秆整枝法,双秆整枝法是目前生产上正常密度时常用的整枝方法。四秆整枝法是稀植时采用的方法,具体方法介绍如下。

四秆整枝法适宜于稀植栽培,一般667米^{2}栽培700株左右。将门茄下的侧枝全部抹掉,保留第一次分杈时分出的2条侧枝,不留门茄。第一层果为对茄,保留对茄下面侧枝,形成4个主秆,其余侧枝全部疏除。每株用4根尼龙绳吊秧,以后每层均为4个果。

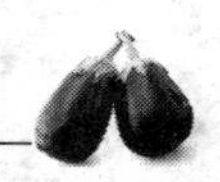

每采摘一次果实需要摘除果实下部黄叶、老叶及侧枝，避免其与幼果争夺养分。当植株长到2.0米左右高时，一般在元旦，可将4个主秆打顶摘心保留侧枝。如果茄秧较低，可适当推迟摘心时间，最晚至春节。春节前后开始选留健壮侧枝，相邻侧枝间保留10厘米以上的距离。每个侧枝上保留1个果实，侧枝不摘心，采摘时连同侧枝一并剪掉。

注意问题：①温室内湿度较大，整枝最好安排在晴天的上午进行；下午及阴天抹杈，疤口不易愈合，容易感染病菌而发病。抹杈时不能将侧枝紧靠枝干抹掉，要留下1厘米左右的短杈，避免主秆发病。②调节枝蔓在温室的空间分布，保持田间良好的透光性。让枝条向上生长，避免果实将枝条压弯。

21. 日光温室茄子如何进行二氧化碳施肥？

二氧化碳施肥的方法很多，效果也不一样。

(1)自然和机械通风法 这种方法是利用大气中的二氧化碳，通过温室自然或人工机械通风来补充二氧化碳。其中自然通风是补充温室二氧化碳的最简便、最经济的方法。但是通风法补充二氧化碳的一个致命的缺陷是二氧化碳浓度太低，大气中的二氧化碳浓度为0.033%，通到温室中也只能使作物冠层中的二氧化碳最高恢复到0.025%左右，一般在0.014%附近，而且在寒冷的冬季，过度通风易造成低温伤害。

(2)土壤中增施有机肥 这是一种比较现实而经济的方法。1吨有机物氧化分解最多能释放1.5吨二氧化碳；酿热温床当其发热达到最高点时，其中的二氧化碳浓度可为大气中的100倍以上。覆于地面的稻草、麦糠等也能产生大量的二氧化碳。

(3)化学反应法 在室内设立多个施放点，一般每667米^{2}设10～12个点。目前生产中比较常用的是利用稀硫酸和碳酸氢铵反应制得二氧化碳，反应在耐强酸腐蚀的容器（塑料桶）内进行。塑料桶应用铁丝吊在棚室架上随着茄子生长而升高，使桶口始终高于茄子顶端。先将计算好的3～4倍硫酸重量的水倒入塑料桶内，然后将称好的浓硫酸沿桶壁缓缓倒入水中，边倒边搅拌，以散去放出的热量。将稀释后的硫酸，分装到塑料容器中，放置高度1.2米左右。然后将称好的碳酸氢铵放入装稀硫酸的容器中，放入速度不宜太快，全部放入以不低于15分钟为宜。第二天清除塑料桶内的残液和沉淀物质，再按上述操作程序继续施放。

（4）燃料燃烧法 目前国内已经研制成功并且通过国家级鉴定的这类反应器有中国科学院农业现代化所研制的EFQ-40型焦炭二氧化碳发生器，第二炮兵推出一种温室气肥增施装置，利用普通炉具和燃煤，附加燃气净化装置、空气压缩装置，产纯净二氧化碳后通入温室，该装置已由北京长缨机电设备厂批量生产。

（5）固体二氧化碳颗粒气肥 将1千克主剂（固体二氧化碳）倒入10升左右的塑桶内或者盆内，用木棍捣碎。称取1千克碳酸氢铵（辅剂），硬块捣碎后也倒入桶（盆）内，搅拌均匀；然后加入100毫升左右清水，并加以搅拌，立即产生大量二氧化碳气体；等反应减缓后，再加300～400毫升水，用木棍间断搅拌，但注意防止泡沫溢出。通常加水后10分钟将有85％二氧化碳释放出来，余下的在1小时左右释放完。残余物含有0.75千克左右硫酸铵，可回收贮放，当作肥料使用。每天每667米^{2}使用3千克主剂，3千克碳酸氢铵，释放出二氧化碳气体1.5千克，可使温室内二氧化碳浓度达1000～1100微升/升。采用此法施放二氧化碳，操作简便安全，增产效果明显，应用普遍。

（6）吊袋式二氧化碳发生剂 吊袋式二氧化碳发生剂是由“发生剂”和“缓释催化剂”混合而成的。使用时操作简单，安全方便，只需将吊袋均匀地吊挂于棚内作物上面50厘米，即可缓慢释放二氧化碳。每667米^{2}大棚用25袋，挂一次有效期30天左右。

22. 日光温室越冬茬茄子二氧化碳施肥应注意哪些问题?

施用二氧化碳过程中除了注意操作安全外,还要控制好环境条件,发挥二氧化碳增施效果。虽然棚室中增施二氧化碳能够显著提高作物光合速率,但是如果没有光照、温度、水分、肥料等条件的配合,也难以达到理想的效果。

(1)掌握适宜的使用时间 一般作物生育初期施用二氧化碳效果好。蔬菜幼苗期施用二氧化碳,可以加速秧苗发育,使幼苗根系发达,壮苗率增加。但从经济效益角度来说,宜在作物进入光合盛期,二氧化碳吸收量急剧增加时开始施用为佳。茄果类,可在雌花着生、开花或结果初期开始施用,而在开花坐果前不宜施用,以免营养生长过旺造成落花落果。冬季或早春光照较弱,作物长势较差,二氧化碳浓度较低时,可提早施用。

(2)光照强度 最好达到作物的光饱和点附近。光能供应不足时,影响光反应及电子传递的进行,虽然在弱光条件下增施二氧化碳有弥补光照不足的功效,但只有在叶面受光最大时,二氧化碳施肥效果才最好。据日本和荷兰学者试验证明,只有在光照达到2 800勒克斯以上时,二氧化碳施肥才有效果。因此进行二氧化碳施肥时,应尽量通过清洁进光面等措施增加光照。

(3)温度 作物光合适温,在高二氧化碳浓度下可提高3℃。进行二氧化碳施肥时,同时应设法提高棚室内温度。

(4)水分 水分亏缺时,作物生长不良,光合面积减少,光合作用难以提高。一般棚室内栽培作物时,于地面覆盖地膜,有利于减少水分蒸发,并有降湿效果。

(5)肥料 增施二氧化碳后,作物生长加快,消耗养分增多,应相应增加肥料供应,否则出现缺肥症状,削弱二氧化碳增施效果。

23. 日光温室冬春茬茄子在管理上有哪些特点？如何选择品种？

日光温室冬春茬茄子的栽培技术相对比较简单，经济效益也较高。这茬茄子一般 10 月中下旬播种育苗，苗龄 80～100 天，翌年 1 月中下旬至 2 月上旬定植，3 月上中旬始收，一般 6～7 月份结束。这茬茄子是解决早春和初夏市场供应最重要的种植形式。

日光温室冬春茬茄子宜选择耐寒、早熟、优质、高产和抗病能力强的品种。果形、果色应与当地消费习惯一致，关键是要选择膨果速度快的品种，如茄杂 8 号、茄杂 12 号、黑丽园 307、快圆等。

24. 日光温室冬春茬茄子有哪些优势？

日光温室冬春茬茄子的供应期主要是春季塑料大棚、中棚提早栽培上市前的一段时间。由于这茬茄子在生长期间的光照越来越好，温度越来越高，生长的条件越来越适宜茄子的生长，管理技术相对简单，效益比较高，收入比较稳定。但春季 4 月份以后温室里的温度较高，在实际生产中要注意前期增温保温，中后期要加强放风与温度管理。

25. 日光温室冬春茬茄子应如何整地、施基肥？

基肥是指茄子播种前或定植前结合翻地施入土壤中的肥料。基肥应以有机肥(鸡粪、牛粪、羊粪等)为主，使用前有机肥一定要充分腐熟。有机肥量大可撒施于地表，结合耕地翻入土中；也可一半用于沟施，一半用于撒施。有机肥量少则应集中沟施，既满足茄子对养分的需求，又达到培肥土壤的目的。除了有机肥外，还要用

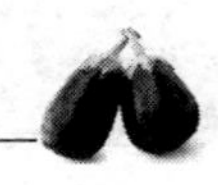

化肥作基肥，常用的有过磷酸钙、磷酸二铵和复合肥。一般每667米^{2}施用基肥的数量：鸡粪3米^{3}或牛粪10米^3，磷酸二铵50千克，硫酸钾30～50千克，饼肥100～200千克。

基肥普施后深翻土地，然后将鸡粪、化肥沟施。整平地后，采取高畦覆盖地膜，大小行栽培，大行距80～90厘米，小行距50～60厘米，株距40～50厘米。也可采用膜下暗灌形式。

26. 日光温室冬春茬茄子应什么时间播种？如何选择最佳定植时间？

日光温室冬春茬茄子的前茬一般在1月中下旬至2月上旬拉秧，播种期可根据温室内前茬作物腾地时间和实际需要的日历苗龄来确定。前茬作物可腾地的时间确定后，往前推80～100天育苗。一般在10月中下旬播种育苗。定植期一般在2月初立春前后。在温度可以得到保证的前提下，定植期宜早不宜晚。

27. 日光温室冬春茬茄子如何培育壮苗？

冬春茬茄子育苗多在10月中下旬播种，翌年2月初定植，整个育苗期间正值日光温室内光照最弱、温度最低的“冬三月”，因此，如何创造适宜茄苗生长发育的环境条件将是决定育苗质量优劣的重要环节。为保证培育健壮幼苗，要利用保温条件良好的日光温室进行冬季茄子育苗，最好能够利用电热温床或其他加温温床进行播种育苗。否则，一旦遇到连阴天等灾害性天气，则可能会因为室内温度难以得到保证而造成幼苗产生沤根、叶色变黄、植株老化等生育不良症状。

种子在播种前必须进行浸种、催芽。播种后，苗床注意及时覆盖，以利于苗床保温、保湿。当茄苗两片心叶完全展开前，需及时分苗。分苗后一般不旱不浇水，浇时水量要适当并且均匀，最好保持土表呈半干旱状态。这样既有利于防止苗床病害的发生，又可防止沤根。若发现幼苗有缺肥的迹象，可随水追施尿素200倍液。

幼苗后期要加强通风管理，定植前15天左右，开始低温炼苗；定植前3～5天进行运苗和囤苗。采用嫁接育苗对于提高本茬茄子栽培产量是大有好处的，尤其是对于3年内种植过茄子生产的地块，必须采用嫁接育苗。

28. 日光温室冬春茬茄子定植前应做好哪些准备?

(1)温室消毒 对于冬季从事生产的日光温室应将前茬作物的残株、地面上的杂草全部清理干净，然后，进行温室环境消毒(方法同越冬茬栽培)。定植前，温室应尽量密闭，以提高室内气温和土温，有利于定植后茄子缓苗。做畦后，畦面及时铺好地膜。

(2)整地、施肥、做畦 茄子定植前，应尽早进行整地、施肥、做畦工作，以便于土壤温度的提高。施肥时，每667米^{2}施腐熟优质农家肥7 500千克、磷酸二铵40千克、硫酸钾30千克。为提高肥料使用效率，可将2/3的基肥铺施后深翻30～40厘米，1/3的基肥用于沟施，然后起垄做畦。起垄时可以做成垄距为70厘米的垄畦，单行定植；也可以做成垄距为130～140厘米的垄畦，双行定植。

29. 日光温室冬春茬茄子怎样定植? 定植后如何管理?

选择晴天上午定植。定植时，先在铺好地膜的垄上按株距打定植孔。在穴内先浇水，然后将苗坨埋放在定植孔中，稍填土后，再浇稳苗水，每穴浇水1升左右，水渗后覆严土。适宜栽培深度为

苗坨表面与垄面持平，不宜栽苗过深。

冬春茬茄子栽培温室光温环境管理的关键时期是茄子定植初期。茄苗定植后，温室管理以增温、保温为主，尽可能提高室内地温和气温，以利于植株缓苗，促进生长。定植至植株缓苗前，室内温度低于35℃一般不需通风，同时尽可能提高夜间温度。此期内，草苫可适当晚揭早盖。

30. 日光温室冬春茬茄子缓苗后如何管理?

定植后5～7天，当茄苗有新叶长出时，说明其根系已经恢复生长，此时，室内温度白天可以保持在25℃～35℃、夜间16℃以上。白天之所以仍保持较高的温度，主要是考虑到夜间保温的需要。当温度超过35℃时，温室要及时通风。与此同时，草苫要尽可能早揭晚盖，延长光照时间。随着外界气温的升高，只要夜间室内最低温度能够维持在16℃以上，夜间便可以不覆盖草苫。当外界气温达到15℃～16℃时，温室甚至可以实行昼夜通风。当外界气温进一步升高时，温室通风量需要进一步加大。

31. 日光温室冬春茬茄子如何进行浇水、施肥管理?

冬春茬茄子定植时浇透定植水，浇水后5～7天，视秧苗长势、土壤墒情、天气情况，浇1次缓苗水，以后只进行中耕锄草。60%门茄长到鸡蛋大小即瞪眼时，浇第一次水，并随水追肥，每667米^{2}追施尿素20千克或复合肥20千克或人粪稀1500千克。门茄膨大时不能缺水，为防止温室湿度过大，可隔沟浇水，2～3天后中耕松土，浇另一个沟。对茄膨大时，再次浇水，每667米^{2}随水冲入尿素10～15千克。门茄收完后，进入盛果期，外界气温已高，应防止高温或高温加高湿的危害，同时要加强肥水管理，要求土壤见干见湿，浇1次清水浇1次肥水。此期可喷施0.3%尿素+0.3%磷酸二氢钾+0.1%喷果素的混合液做根外追肥，7～10天1次。

当日平均气温稳定通过15℃后，温室可昼夜通风，可结合浇水多次冲入粪稀，每667米² 每次1000～1500千克。这时的大水大肥和追用粪稀对加速产量的形成、防止植株早衰、延长结果期大有好处。以后在每层果实瞪眼期都要浇水追肥，后期还要加追钾肥或叶面喷施钾肥。前期由于气温较低蒸发量较小，浇水应在暗沟进行；后期温度升高，可明暗沟交替进行，直到全部在明沟浇水。

32. 日光温室冬春茬茄子结果期对温度有什么要求?

在适宜的温、光条件下，茄子开花到果实达到商品成熟需要18～25天。冬春茬茄子前期主要是加强增温保温措施；中后期，随着外界温度的升高，主要是做好防风降温工作。开花期白天温度保持在26℃～28℃，夜晚14℃～16℃。结果初期，上午25℃～32℃，下午28℃～20℃，上半夜20℃～13℃，下半夜13℃～10℃，土壤温度15℃以上，不低于13℃。室内温度低于15℃影响正常开花结果，导致落花或落果。如遇到外界温度较低，室内温度达不到25℃时，每天也要进行短时间放风，以调节室内湿度，并满足茄子生长对二氧化碳等其他条件的需要。放风时间根据天气情况可控制在10～30分钟之内，以后随着外界温度的升高，可适当加大通风量和延长通风时间；当外界夜间最低温度不低于15℃时，昼夜都要通风。茄子盛果期适宜温度为25℃～30℃，35℃以上的高温不利于果实的生长发育。

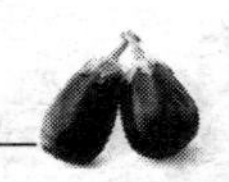

33. 日光温室冬春茬茄子应如何进行中耕除草?

茄子定植的株行距较大,行间容易滋生杂草,另外,人为操作行走过程中造成行间地面变硬,影响通风透气。所以从定植开始要进行中耕、锄草。中耕应该从根部向外,由浅到深,注意不要伤根。为促进根系发育,中耕时还应向根部进行培土。中耕不仅可以疏松土壤,增加土壤的透气性,提高低温,而且还可以保持土壤湿度,有利于根系生长。

茄子第一次中耕锄草是在浇过缓苗水后,于适耕期进行,离根系近处浅一些,离根远的地方深一些,以不触动根系为好,反复进行。开花初期结合锄草,可适当向根部培土,使之形成小高垄,有利于通风、降湿、排水。随着茄秧越来越旺,中耕的次数逐渐减少,一般中耕 3~5 次。进入高温季节,更有利于杂草丛生,如果中耕不方便,可以用手拔除杂草,以防止养分的消耗和病虫害的滋生。

34. 日光温室冬春茬茄子如何进行整枝?

冬春茬茄子栽培密度较大,再加上后期植株生长旺盛,枝叶繁茂,如果不及时进行植株调整,很容易造成田间通风不良,茄子着色不好和只长秧不结果。整枝要根据品种特性而定,冬春茬茄子一般可采用双秆整枝法,即每株只保留 2 条主秆作为结果枝,将其他多余枝条及蘖芽全部疏除。为防止枝条倒伏,可采用吊蔓或在生长的中后期使用竹竿、铁丝等进行横向绑扶。及时清除下部老、黄叶,以改善株行间通风透光条件,减少养分消耗,加速结果,促使早熟。

35. 日光温室冬春茬茄子是否需用植物生长调节剂保花保果?

冬春茬茄子生长前期,室内温度和光照强度较低不利于开花和坐果,为提高坐果率,需要使用植物生长调节剂处理保花保果。如丰产素 2 号 20 毫升原液对水 900 毫升蘸花或喷花。为了预防灰霉病发生,可在配好的药液中每 1500～2000 毫升加入 4 克 50%腐霉剂可湿性粉剂,或果霉宁 2 号 1 毫升药液。

36. 日光温室秋冬茬茄子栽培有哪些特点?

日光温室秋冬茬茄子栽培,一般于 7 月上中旬开始育苗,8 月中下旬定植,10 月中下旬开始采收。采收期一般可以持续到翌年 1 月底至 2 月初。这茬茄子栽培难度较大,原因在于播种育苗期正值温度高、光照强、雨水多的夏季,苗期管理不当,很容易造成幼苗徒长和病毒病的发生;而结果期后温度低、光照弱,如果品种选择不当、栽培密度不适、温湿度调节及肥水管理不当,往往表现大量的落花落果或形成僵果,病害严重发生等。

37. 日光温室秋冬茬茄子栽培如何选择品种?

秋冬茬茄子栽培时,首先应注意选择适应性较强的品种,要求品种既要抗病、耐热,同时又要耐低温、弱光和高湿等不良环境条件。由于茄子结果期主要处于冬季,要求茄子的果型不宜过大、果实发育速度快等。适宜的茄子品种有茄杂 6 号、农大 601、黑丽园 307 等。

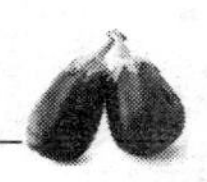

38. 日光温室秋冬茬茄子育苗期间应注意哪些问题?

秋冬茬茄子播种育苗期正处于高温、强光、多雨季节，也是病毒病、褐纹病、枯萎病和黄萎病多发时期，因此，培育壮苗难度较大。首先，要采用遮阴降温、通风降温等措施，使温度尽量控制在幼苗生长的适宜范围内。出苗后逐渐撤去遮阳网，增加光照，防止徒长，培育壮苗。防止幼苗徒长，子叶出土到真叶展开是管理的第一个关键时期，此期茄苗的下胚轴最容易徒长，因此要降低气温和地温。白天尽量增加光照，使子叶尽快绿化，如果白天弱光加上夜间高温，还容易导致猝倒病的发生和蔓延，可喷洒浓度为 20～25 毫克/千克的矮壮素(即 5 升水对 0.1～0.125 克的矮壮素药剂)能促进幼苗健壮，控制徒长。夏季在苗床内温度过高、光照不足、氮肥偏多的情况下，湿度过大容易引起徒长，适当控制浇水，有利于促进根系发育，培育壮苗。

39. 日光温室秋冬茬茄子定植时应注意哪些问题?

秋冬茬茄子由于后期光照弱，因此定植密度不宜过大，一般在定植时行距 90 厘米，株距 40～50 厘米，最好采用大小行栽培，根据品种确定种植密度，一般每 667 米^2 栽植 1 800～2 000 株。定植宜选在阴天或晴天的傍晚进行，定植完毕后要及时浇定植水，定植水要浇足、浇透。另外，为减轻黄萎病和枯萎病的发生，可采用高垄栽培。

40. 日光温室秋冬茬茄子定植后如何管理?

(1)**温度** 茄子定植初期,由于外界温度较高,要将温室棚膜的底角处卷起,同时打开腰风口和顶风口,进行温室的昼夜大通风。当外界最低气温逐步下降至15℃以下时,要将棚膜底角处放下,夜间停止放风,只进行白天放风,以放腰风和顶风为主。当室内夜间温度低于16℃时,温室一般要及时覆盖草苫。进入冬季后,为有利于温室的夜间保温以及维持较高的土壤温度,室内气温低于30℃时一般不放风,同时要求室内气温高于25℃的时段能够维持在6小时以上。冬季草苫应做到早揭晚盖,尽量延长温室光照时间,以利于茄子进行光合作用,促进果实的发育。

(2)**水肥管理** 茄子定植初期,由于温度高、光照强,土壤蒸发和植株蒸腾量都很大,土壤需水量也较多,此时,浇水量也相应较大,一般前期不蹲苗。当定植水浇后,生产上每5～7天即需要浇水1次,每次浇水后,都要注意及时进行中耕。坐果后随着外界气温和光照强度逐渐降低,浇水量也相应减少,一般每10～15天才浇水1次,每隔1水施肥1次,可追施硫酸钾15千克。进入深冬季节,当浇水量很少,难以通过浇水追肥时,可以利用叶面追肥的方法,向叶面喷施浓度为0.3%～0.5%的硫酸铵和磷酸二氢钾混合液。

(3)**植株调整** 秋冬茬茄子栽培采用双秆整枝,门茄以下侧枝全部去掉,保留2个主秆,去掉多余侧枝及蘖芽,剪除空枝,保证田间通风、透光良好。过多的枝条不仅不利于果实着色、膨大,而且容易导致病害的发生。

(4)**采收** 由于这一茬茄子多在春节前后拉秧,然后定植下一茬蔬菜。因此,果实应尽量延迟采收,以提高季节差价,到拉秧前可一次性采收上市。

41. 日光温室茄子病虫害防治原则是什么?

日光温室设施封闭严密,内部小环境长期处于高温、高湿状态,病虫害发生、传播快,危害重。栽培茄子时,为了防止和减少病虫害的发生,必须认真全面地执行"预防为主、综合防治"的植保方针,搞好农业防治、物理防治、生物防治、生态防治和化学防治等综合防治措施,经济有效地防治病虫危害,把病虫危害控制到最低程度。

42. 日光温室茄子病虫害的综合防治措施有哪些?

对于日光温室茄子病虫害,应采取行之有效的综合防治措施。综合防治要以农业防治为主、药剂防治为辅,对减少药剂使用量,降低生产成本,生产无公害产品,保证人们的身体健康具有重要意义。具体措施包括:选择抗病性强、抗逆性强,高产、优质品种;播前种子消毒,床土消毒,定植前对温室和土壤消毒;嫁接育苗,培育适龄壮苗;实行 4～5 年以上轮作,或水旱轮作;深翻土地,增施有机肥、磷钾肥,改良土壤;全面覆盖地膜,加强通气,调节好温室的温度,降低空气湿度;实行测土配方施肥;合理整枝,强化植株调整,保证通风、透光,及时发现、清理发病叶、病果,并深埋,清除病源;加强通风,降低湿度,冬季低温期膜下暗灌,有条件的采取滴灌、渗灌;做好病虫害监测预防工作,发现中心病株要及时对症用药,以防蔓延。

五、大中棚茄子生产关键技术

1. 大中棚内温度变化有何特点？如何调节？

棚内的小气候随着季节和天气状况的变化而变化，其具有升温快、温差大、晴天气温变化剧烈、阴雨天变化平缓和分布不均等特点。

气温的变化：由于季节和天气状况的变化，以及棚大小不一，棚内的气温分布不均匀。在垂直分布上，白天近顶处温度最高，中下部较低，夜间则相反；晴天上下部温差大，阴雨天则小，中午上下部温差大，清晨与夜间则小；冬季气温低时上下温差大，春季气温高时则小。在水平分布上，南北向棚的中部气温较高，东西向近棚顶处较低。棚体愈大，空气容量也愈大，热缓冲性愈大，棚内温度较均匀，变化幅度较小；棚体小则相反。

地温的变化：相对大棚内气温而言，地温的变化没有那么剧烈。早春，随着棚内气温升高，地温也回升。但随着棚内作物长大封行，加之通风和灌水量增加，棚内外地温差又逐渐缩小。晚秋时，外界地温显著下降，棚内地温增温作用比气温明显，仍能维持在10℃～20℃，有利于秋延后栽培。入冬后，棚内气温降低明显，其地温也慢慢降低。

生产上，应根据棚内温度变化的规律和特点调节棚温，充分发挥大棚的增温保温功能。在气温较高时，则应揭膜通风和加盖遮阳网来降低棚温，最常用的办法是拉开顶膜与裙膜之间的间隙，利用棚内外温差进行通风降温。揭膜程度视气温高低而定，棚温在

25℃～30℃以下时揭膜少些，反之则揭膜多些。秋季温度的调节与春季相反，即前期适当加大通风量，白天要防止高温危害；中后期外界气温下降时，夜间保温以免低温冻害。

2. 大中棚内湿度变化有何特点？如何调节？

(1)棚内空气湿度变化　塑料薄膜不易透气透水，具有较强的保湿能力，加上地面和叶面水分的蒸发，棚内水蒸气的含量要比棚外高3～4倍。因此，当大棚密闭不通风时，棚内相对湿度常高于露地，一般在80%以上，夜间棚内相对湿度甚至达100%。棚内空气相对湿度变化与温度成负相关，棚温升高，相对湿度降低，棚温每升高1℃，相对湿度下降5%～6%；棚温降低，相对湿度升高；晴天、刮风天相对湿度低，阴雨雪天相对湿度显著上升。另外，晴天白天棚内湿度与通风密切相关，早、晚不通风时，棚内湿度高于露地；通风后棚内大量水蒸气逸出，有时棚内湿度又会低于露地。大棚内空气湿度过大是诱发病害的主要因素之一。

(2)棚内土壤湿度的变化　大棚内土壤水分的主要来源是人工灌水，大棚在不通风时空气湿度高，土壤蒸发量小，使土壤湿度也高，尤其是晴天夜间，棚膜上会凝集大量水珠，当其积累到一定大时，就会形成“冷雨”降到地面，又增加了土壤的湿度。当露地气温回升，大棚加大通风时，土壤蒸发量加大，土壤水分明显下降，气温越高，通风时间越长，土壤湿度就越小。

(3)调节棚内湿度的方法　根据上述特点和规律，生产中棚内空气湿度主要靠自然通风来调节和控制。在早春和晚秋，由于外界气温较低，通风降湿常与闭棚保温相矛盾，即闭棚保温常会使棚内湿度增加，而通风降湿又会使棚温降低。这一矛盾，主要依靠通风时间的早晚、长短和通风口的大小来解决。低温阶段以保温为主，降湿为辅，应晚通风，早闭棚。揭膜时应在背风面进行，只有在棚内温度过高时才在迎风面通风。选用无滴棚膜对降低棚室内空气湿度的效果较好。高温季节应降温排湿，需早通风，甚至昼夜通风。另一方面，棚内空气湿度与土壤湿度有关，当土壤湿度较小，空气湿度往往也小，因此还可以通过调节土壤湿度来控制空气湿度。土壤湿度可通过加水和中耕调节。

在大棚内覆盖地膜可以降低空气湿度10%～15%，同时还可以增加土壤湿度和提高地温，对作物生长有利。另外，春夏之交（5～6月份），顶膜不要过早揭除。随着气温升高，雨季随之来临，迟揭顶膜，可以防止雨水的冲击，使棚内的土壤湿度比露地低，有利于作物的生长结实和防止病害的传播蔓延。为防止棚温过高，可撤掉裙膜，加大通风量并日夜通风，还可在棚顶加盖一层遮阳网降温。当棚内春夏作物收获之后再揭顶膜，然后深耕晒土，准备秋种。

3. 大中棚中光照和空气状况有何特点？如何调节？

（1）光照特点 大中棚内光照情况取决于棚外太阳辐射强度、覆盖材料的光学特点和污染程度。新塑料膜的透光率为80%～85%，被尘泥污染的旧膜透光率常低于40%。膜面凝聚水滴，由于水滴的漫射作用，可使棚内光照减少10%～20%。棚架和压膜线以及高秆蔬菜都会遮光，在大棚管理上要尽可能避免和排除减弱棚内光照的因素。

（2）空气状况 由于薄膜覆盖，棚内空气流动和交换受到限制，在蔬菜植株高大、枝叶茂盛的情况下，棚内空气中的二氧化碳浓度变化很剧烈。早上日出之前由于作物呼吸和土壤释放，棚内二氧化碳浓度比棚外浓度高2～3倍，为0.033%左右；8～9时以

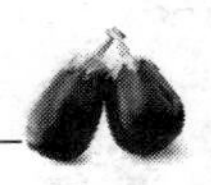

后，随着叶片光合作用的增强，可降至0.01%以下。因此，日出后就要酌情进行通风换气，及时补充棚内二氧化碳。另外，可进行人工二氧化碳施肥，浓度为0.08%～0.1%，在日出后至通风换气前使用。人工施用二氧化碳，在冬春季光照弱、温度低的情况下，增产效果十分显著。

在低温季节，大棚经常密闭保温，很容易积累有毒气体，如氨气、二氧化氮、二氧化硫、乙烯等造成危害。当大棚内氨气达5微升/升时，植株叶片先端会产生水渍状斑点，继而变黑枯死；当二氧化氮达2.5～3微升/升时，叶片发生不规则的绿白色斑点，严重时除叶脉外，全叶都被漂白。氨气和二氧化氮的产生，主要是由于氮肥使用不当所致。薄膜老化（塑料管）可释放出乙烯，引起植株早衰。

为了防止棚内有害气体的积累，不能使用新鲜厩肥作基肥，也不能用尚未腐熟的粪肥作追肥；严禁使用碳酸铵作追肥，用尿素或硫酸铵作追肥时要掺水浇施或穴施后及时覆土；肥料用量要适当不能施用过量；低温季节也要适当通风，以便排除有害气体。

4. 东西向的和南北向的大棚棚内环境条件有何区别？哪种形式在生产上应用多？

一般来讲，北方冬春季节，随着太阳高度角（指从太阳中心直射到当地的光线与当地水平面的夹角）的逐渐加大，南北方向的棚中阴影越来越少，光照比较均匀，棚内两侧温差变化小，加上冬、春季节北方西北风较多，南北向大棚抗风能力强。与东西向大棚相比，南北向大棚的透光量要比东西向高5%～7%，且光照分布均匀，棚内白天温度变化平缓。东西向大棚存在北侧光照不足的问题，影响植株的生长发育。因此，确定棚向方位除受地形和地块大小等条件的限制外，需要因地制宜加以确定，但最好选择正向方

位，一般生产上使用的大棚为南北向延长棚。

5. 目前适合茄子大中棚覆盖的塑料薄膜有哪些种类？

塑料棚膜厚度一般为0.08～0.12毫米，耐候性和强度较地膜好。种植茄子的大棚膜要用聚乙烯或者醋酸乙烯复合膜，不能用聚氯乙烯膜，否则茄子着色不好。

聚乙烯膜可分为以下几类。

(1)聚乙烯普通棚膜 无增塑剂污染，尘埃附着轻，透光率下降缓慢，耐低温性强，相对密度小(0.92)，只相当于聚氯乙烯普通棚膜的76%，同等重量的膜，覆盖面积可比聚氯乙烯普通膜大24%。但夜间保温性差，不耐日晒，高温软化温度为50℃，弹性差，连续使用时间4～6个月，覆盖冬暖大棚只能使用1个生产年度。

(2)聚乙烯长寿棚膜 是在生产聚乙烯普通棚膜的原料里按一定比例加入紫外线吸收剂、抗氧化剂等防老化剂，以克服聚乙烯普通棚膜不耐日晒高温、不耐老化的缺点，延长使用寿命。目前，我国生产的聚乙烯长寿棚膜厚度都为0.12毫米，可连续使用2年以上。聚乙烯长寿棚膜的其他特点与聚乙烯普通棚膜基本相同。这种膜可作长期覆盖栽培，是北方高寒地区空棚越冬覆盖较理想的棚膜。由于使用期长，覆盖成本显著降低，但应经常清除棚面灰尘。

(3)聚乙烯长寿无滴膜 具有长寿膜与无滴膜两者的优点。

(4)聚乙烯多功能膜 是在聚乙烯普通棚膜配方中加入多种助剂，使棚膜具有多种功能，长寿，保温，透光性能好，而且相对密度小，用量少。

(5)漫反射膜 是在聚乙烯普通棚膜原料中加入一些对太阳

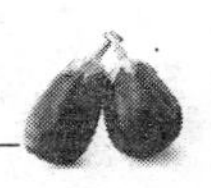

光透射率高、反射率低、化学性质稳定的漫反射晶核，使棚膜具有抑制垂直阳光透过的作用，降低中午高温，同时又能使早晚斜射光透入多，提高棚内光强与温度。漫反射膜夜间保温性好。

6. 大棚薄膜有哪些覆盖方式?

塑料大棚棚膜覆盖方式有多种，有一棚一膜覆盖、一棚三膜覆盖等；连栋大棚经常使用多块膜覆盖。

一棚一膜覆盖即用一张大棚农膜覆盖整个棚架，采用大棚两端面通风换气的覆盖方式。这种覆盖方式优点是操作简单，缺点是通风换气性能差，棚中间作物易受高温伤害，而两端作物易受冻害，使用较少。

一棚三膜覆盖，即三块膜拼叠覆盖，用“三大块”盖膜法。也就是棚架顶部盖一张顶膜(或称天幕)，棚的两侧各围一张裙膜的覆盖方式，目前生产上多采用这种覆盖方式，应用普遍。这种覆盖方式是把顶膜和裙膜的重叠处作为通风口，通风口齐肩高，通风时进入棚内的冷空气先与棚内上部空气混合，而不直接吹到植株上，可以避免冷空气对棚内植株的冻害。

连栋大棚使用的4～5块膜覆盖的方式是在一棚三膜的基础上改进的，由于为连栋，一般为2～3栋，即顶部覆膜2～3块，两侧为裙膜，每侧各一块。这种覆盖方式在冀中南应用较多，顶膜和顶膜及裙膜的重叠处作为通风口，温度变化相对平缓，操作方便。缺点是某些简易连栋大棚遇大雨时，应人工排水，中间顶部的水需排到棚内，然后用水沟引出，费工费时。

将棚膜覆到骨架上，并衬平后，拴紧压膜线，两端固定在棚两侧的地锚上，每1～2米1根。

7. 怎样黏结大棚用的塑料薄膜?

一般情况下大棚膜不需要黏结，按大棚的尺度购买即可。如果我们手头棚膜的长度或宽度不够，需要黏结的话，大都是采用电熨斗烙合。准备一根长2～3米、宽3～4厘米、厚8～10厘米的平直光滑木条作为垫板，把要黏结的两幅薄膜的各一个边缘对合在木条上，相互重叠3～4厘米，由3～4人同时操作。一人在木条的一端负责"对缝"，一人在木条的另一端负责把黏结好的薄膜拉向后方，第三人则在已对好缝的薄膜处放一条宽6～8厘米、长约1米的旧报纸或玻璃纸，盖好后由站在木条另一侧的第四人把已预热的电熨斗顺木条另一端用适当的压力，慢慢推向另一端。所用电熨斗的热度、向下的压力及推进的速度，都应以纸下的两幅薄膜受热后有一定程度的软化和黏化，并在电熨斗的压力下黏结在一起为宜。然后将纸条揭下，把接好的一段薄膜拉向木条另一端，再重复地黏结下一段，直到把薄膜接到所需要的长度为止。

大棚薄膜黏结时应注意以下几点：①掌握好电熨斗的温度。黏结聚乙烯薄膜的适温为110℃，聚氯乙烯为130℃。②所用压力和电熨斗的移动速度要与温度配合好，这样可以保证黏结质量。③所黏的薄膜应洁净，无尘土。

8. 如何覆盖棚膜? 覆盖棚膜时应注意哪些问题?

上棚膜应选在无风天气进行，先围裙膜，后盖顶膜。有小风时，需顶风上棚膜，避免顺风上棚膜，否则棚膜不易展开铺平。裙膜上部用卡槽固定在边拉杆上或用塑料绳或细铁丝固定在拱杆上，下部用泥土压住。顶膜首先用压膜线系住棚膜两侧，然后把棚

膜集中拖到棚顶后，不要拧在一起，最后用压膜线向两侧把棚膜衬开，平铺于骨架上。后在两侧攥住棚膜，向下抻紧。如棚架有卡槽，用卡簧压实两侧；后用压膜线沿两个拱架间压紧固定。盖膜时应保持顶膜与两边裙膜相重叠30～40厘米，重叠处顶膜在外，裙膜在内。

连栋大棚膜的覆盖方法因大棚结构的不同采用不同的覆盖方法，一般大棚顶膜采用国外进口的高强度、高透光率膜，棚头三角区及大棚基部围裙用白色透明编织膜。高级连栋大棚膜的具体覆盖，因技术难度大，一般由大棚生产厂家等专业安装队覆盖。简易连栋大棚同普通大棚覆盖。

扣膜时要尽量避免棚膜的机械损伤，特别是竹架大棚，在扣膜前应先把竹架表面突出的部分削平，或用旧布包扎好。用弹簧固定时，在卡槽处应加垫一层旧报纸。另外要注意避免新旧薄膜长期接触，以免加速新膜的老化。在通风换气时要小心操作。薄膜受冻或暴晒，会促进老化，钢管在夏天经太阳暴晒，温度可上升至60℃～70℃，从而加速薄膜老化破碎。薄膜使用过程中，难免有破孔，要及时用黏合剂或透明胶带粘补。如遇有微风天气，上棚膜时应顶风进行，膜在顶部容易展开。

9. 塑料大中棚茄子春提前栽培如何选择品种？

栽培的主要目的是提早上市，增加效益，因此所选品种应耐低温、中早熟、坐果节位低、坐果率高、果实膨大速度快、抗病性和抗逆性强、品质优的特点。品种有茄杂2号、茄杂12号、茄杂13号、农大601等。

10. 大中棚茄子春提前栽培何时播种？应注意哪些问题？

定植期一般比各地露地春茬茄子要早20～30天，冀中南地区播种时间多在12月底至翌年1月上旬，3月初扣棚，3月下旬定植。苗龄一般80～90天，以幼苗具6～9片真叶，多数植株现小花蕾时定植为宜。穴盘育苗的苗龄60～70天，5～6片真叶。

育苗期间正是外界温度最低、光照最弱的时期，因此必须在保温条件较好的温室内进行育苗，必要时需要辅助加温条件，如电热温床等。适宜气温25℃～32℃，地温18℃～22℃。茄子喜光，育苗温室最好采用透光性强的无滴棚膜，后部张挂反光膜，并及时清除棚膜表面灰尘和杂物，以增加光照强度；在保证温度的情况下，尽量早揭、晚盖草苫，以延长光照时数。

11. 大中棚茄子如何进行播种育苗？应注意哪些问题？

选用3年内没有种过茄科蔬菜的无病虫源的肥沃园田土，与充分腐熟过筛有机肥按3：2比例混合均匀，加入磷酸二铵0.5千克/米^3、硫酸钾0.5千克/米^3、尿素0.5千克/米^3。将配制好的营养土均匀铺于播种床上，厚度10～15厘米，也可直接装入(8～10)厘米×10厘米营养钵或塑料筒或纸筒等容器内，紧密摆放在苗床内。无土育苗选用50孔或72孔穴盘，基质采用蛭石：草炭：腐熟鸡粪：腐熟牛粪为2：1：1：1或1：1：0.5：0.5，再加少量缓释肥料。

每立方米营养土采用50%多菌灵可湿性粉剂100克和精甲霜·锰锌水分散粒剂进行床土消毒。如采用电热温床，电热线功

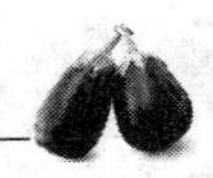

率以 80～120 瓦/米² 为宜，即 8～10 米² 苗床用 800 瓦电热线 1 根。将苗床底部整平拍实，先铺一层 3～5 厘米厚炉渣或其他保温材料，将电线热按一定距离 S 形往返布满床面，苗床两侧稍密一些，中间稍稀，然后铺营养土或摆放营养钵。

在播种以前，营养土需浇足底水。待水渗下去后，将催好芽的种子撒播在苗床或钵（穴）上，并注意掌握播种密度。播后在上面覆盖 1 厘米厚的营养土或药土，并覆盖薄膜。必要时在苗床上再搭小拱棚，晚间上面覆盖纸被、草苫等进行保温。

12. 大中棚茄子春提前栽培定植前需做好哪些准备工作？

（1）**整地施肥**　以有机肥为主，重施基肥，提倡使用专用肥和生物肥。在中等肥力条件下，结合整地每 667 米² 施腐熟鸡粪 2～3 米³、磷酸二铵 40 千克、过磷酸钙 20 千克，硫酸钾 30 千克或草木灰 100 千克。冬前深耕 25～30 厘米，并按一定的行距开沟，沟深 30 厘米左右，化冻后一次性施足基肥。

（2）**提前覆膜扣棚**　定植前半个月提前扣棚，并将大棚密闭进行烤地，目的在于促进土壤化冻，提高土壤温度。塑料薄膜最好采用防老化无滴膜，以提高薄膜的透光率，促进茄子生长发育，并防止因薄膜滴水而引发病害。再根据具体品种的特点和栽培形式做畦，一般每 667 米² 种植 2000 株左右。

13. 大中棚茄子春提前栽培如何确定适宜的定植期？

定植期的确定主要根据各地区的气候条件、大棚的保温性能以及覆盖层数来决定。一般来说，当大棚内气温连续 7 天不低于 8℃，10 厘米地温不低于 12℃时即可定植。如果定植后在棚内再加扣小拱棚或加挂保温幕，一般每加盖一层保温材料，可使得夜间温度提高 2℃～3℃，定植期则可比单层薄膜覆盖的大棚提前 7～10 天。

14. 大中棚茄子春提前栽培如何定植？应注意哪些问题？

栽苗深度以苗坨与垄面取平为宜。栽苗过深，土壤温度低，不利于缓苗和前期生长；栽苗过浅，易于造成后期倒伏。一般选择寒流刚过的回暖期晴天上午进行定植，而且在定植后最好能保持连续 4～5 天的晴好天气。宜采用水稳苗法栽苗，即先按照预定的株行距开沟或挖穴，沟或穴内浇水，然后将苗坨放到定植沟或定植穴内，待水尚未完全渗下前，覆土封掩。也可先将幼苗栽入土中，封掩后，再每掩浇水 0.5～1 升。

15. 大中棚茄子春提前栽培定植后蹲苗应注意哪些问题？

定植后 3～4 天，视苗情、天气浇缓苗水，促进缓苗。缓苗后连续中耕松土 2～3 次，由浅入深，再由深入浅，关键是不能伤根。覆地膜的只在畦沟松土，没有覆盖地膜的全田松土，还要逐渐培土。注意嫁接苗不能培土，不能将嫁接口处埋住，避免病原菌感染。整个过程不用浇水，以中耕、培土为主，来提高土壤温度，促进根系发育，枝叶健壮，直至门茄瞪眼时再开始浇水，蹲苗结束。应注意的问题是，蹲苗前的缓苗水一定要浇足浇透，蹲苗因品种不同一般可持续 15～25 天，切忌蹲苗期间水分不足而浇水，那样起不到蹲苗的作用，还容易引起疯长，门茄坐不住。

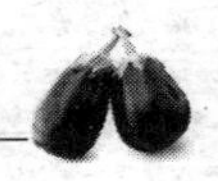

16. 大中棚茄子春提前栽培定植后如何进行温度管理？

(1)**缓苗期**　定植后有5～7天的缓苗期，此时的管理要点是防寒保温，提高棚温和地温，实行闭棚，基本不放风，早晚和夜间还要在棚外四周盖草苫防寒。白天温度保持在28℃～35℃，炎热天气中午可放小风，使棚内气温不超过35℃。缓苗期内要连续松土2～3次，门茄见花时进行培土，促进发根。棚内地温要达到16℃以上，如低于16℃不利于缓苗发根。

(2)**结果前期**　缓苗后开始通风，此时开始开花坐果，其特点是果、秧同时生长。管理要点是保住门茄不落花，坐住果，同时还要促进植株健壮生长。缓苗后降温，白天棚温保持20℃～30℃，每天维持28℃～30℃的棚温5小时以上，避免30℃以上高温。前半夜棚温保持16℃～17℃、后半夜10℃～13℃，地温保持在20℃左右。开花坐果期要及时放风，否则，棚温超过30℃，秧易徒长和落花落果。放风时应掌握先顺风放风，由小到大的原则，不断变换放风口，使棚内植株生长一致。门茄膨大至直径3～4厘米时，结束蹲苗，开始追肥浇水。

(3)**盛果期**　门茄采收后，对茄以上的果实开始发育，进入盛果期，茎叶也开始盛长。此期的管理要点是防止高温危害，并保持充足的光照和良好的水肥条件。当外界气温稳定在15℃以上时，要昼夜放风。

5月中下旬，外界气温显著升高，可撤膜成露地栽培，有利于果实着色。大棚也可不撤膜，但薄膜要四周高卷形成天棚。多层覆盖定植的，在温度条件可以保证的情况下，要及时撤去小拱棚、草苫等防寒物，以利争取光照。

17. 大中棚茄子春提前栽培定植后如何进行肥水管理?

由于生长前期土壤温度低，一般定植后至门茄坐果前，只要土壤水分能满足幼苗生长的需要，应严格控制浇水追肥。这段时期管理的主要任务是连续进行中耕，并结合中耕进行除草。加强中耕、适度控水不仅有利于提高土壤温度、保持土壤水分、改善土壤透气性等，而且可促进根系向纵深生长，提高吸收水肥能力。

若必须浇水时，浇水量宜小，以免降低地温。植株封垄以后，可不再进行中耕。门茄瞪眼时，每 667 米^2 结合浇水施三元复合肥 30 千克。对茄、四门斗膨大时，对水肥的要求达到高峰，每隔5～7天浇 1 水，掌握土壤见干见湿，隔 1 次水追施 1 次速效肥，每667 米^2 施尿素、硫酸钾各 8～10 千克，或灌施腐熟人粪尿 1000 千克。盛果期可喷施 0.2%尿素和 0.2%磷酸二氢钾的混合液进行叶面补肥，共喷 2～3 次，以傍晚喷施为宜。每次浇水后，要注意及时放风排湿。

18. 大中棚茄子春提前栽培如何进行整枝打杈?

由于棚内茄子栽培密度大，且植株生长旺盛，为防止枝叶郁闭、改善通风透光条件、减轻病害发生、促进早熟，除需要像露地春茬茄子那样及时摘除基部主秆上的侧枝及所有病、老、黄叶外，对上部枝条也要进行适当疏除。门茄以下侧枝全部摘除，对茄以后，剪去徒长枝和过长枝条，留 2～3 个主秆生长结果，集中养分供应果实生长，促进早熟。大棚种植，一般采用双秆整枝。

19. 大中棚茄子春提前栽培如何进行保花保果?

由于大棚相对密闭,棚内风力小,昆虫少,对授粉极为不利,容易造成落花落果,因此必须利用激素等进行蘸花或喷花处理。使用的适宜时期是在茄子花含苞待放到刚刚开放时,时间是上午10时前和下午4时后,避免高温操作。用毛笔将药剂涂抹花柄有节(离层)处,或将花放在药水中浸泡一下,或用小喷壶喷花。药剂配方:丰产素2号20毫升对水900毫升。也可在配好的蘸花药液中每1500～2000毫升加上10毫升2.5%的咯菌腈悬浮剂(红色的),或3克50%的嘧菌环胺水分散粒剂或4克腐霉利可湿性粉剂,预防灰霉病。药液要随配随用,内放鲜艳的广告色,避免重复。

20. 大中棚茄子春提前栽培怎样利用再生枝条进行生产?

对大中棚春茬茄子进行更新再生,是近几年发展起来的新技术。其与育苗后进行大棚秋延后生产相比,由于省去了育苗及整地、定植等环节,大大节省了人工,生产上应用较多。春茬大棚茄子栽培一般在6月底以后将棚膜撤除呈露地栽培状态,同时加强对病虫害及杂草的防治。约在7月中下旬采收结束后,进行剪枝更新。具体方法是从茄子植株基部离地面10厘米左右处,即原门茄坐果处修剪,只留主秆。修剪后为了促发健壮的新枝,要及时追肥灌水。可采取在根附近扎眼追肥的方法或采用追肥枪追肥,每667米^{2}施尿素10～15千克,然后浇透水。在修剪后1周内茄子即可萌发出2～3个新枝,选留其中1～2个壮枝,以后每枝留2～3个茄子,其他的侧枝和腋芽全部打掉。一般修剪后20～25天新

发植株即可开花。当每一个果实坐住后,结合浇水要每 667 米^{2}追施尿素和钾肥各 10 千克,并进行中耕培土。开花后 20 天左右,新枝上的果实即可开始采收上市。

生产过程中随着气温的下降,昼夜温差也逐渐加大,茄子生长变慢,应在 9 月中旬扣棚防寒保温。以后通过加盖小拱棚、覆盖草苫等措施来保证植株生长对温度的要求。扣棚后除过分干旱时要浇水外,应尽量少浇水。生产中一般到 10 月中旬以后,在果实不受冻害的前提下尽量不采收,而是到 10 月下旬一次采收上市或结合保鲜贮藏延晚上市,这样在一定程度上可以提高经济效益。

21. 大中棚茄子生产中果实不膨大或僵果有哪些原因?如何预防?

(1)原因 内在因素是果实授粉受精时,棚内气温、地温低引起的,花蕾由于受不良环境的影响,形成短柱花,不能正常授粉;或不饱满的花粉不能正常萌发形成花粉管,出现单性结实;果实缺乏生长激素,影响对碳、锌、钾、硼等果实膨大所需元素的吸收,导致果实不膨大,形成僵果。外在因素是用植物生长调节剂蘸花浓度过低,造成落花落果严重,或坐住果后,果实不膨大,成为僵果,尤其在气温低、光照弱的环境条件下,这种现象更为突出。

(2)防治方法 一是追施钾肥。控制氮肥用量,增施钾肥,以促进膨果。二是增大昼夜温差。膨果期控制昼夜温差在 10℃左右为宜。三是控制植株长势。生殖生长减弱,坐果率下降或者果实不膨果、着色不好。可控制浇水量,延长浇水间隔时间,减少水量;降低夜温,可促进植株的生殖生长。四是叶面喷施中、微量元素肥料(硼、钙)。五是正确使用植物生长调节剂蘸花,保花保果。

22. 大中棚茄子生产落花、落果、坐果难的原因是什么?

大中棚茄子生产落花、落果、坐果难的原因如下。

(1)**温度不适** 茄子结果期要求较高的温度,结果期适温在25℃～30℃,夜间气温应在15℃～20℃,气温低于15℃或高于35℃,生长缓慢,落花严重,在生产中表现为前期及夏季结果较少。

(2)**花的发育状态不良** 茄子花发育得好,则花型大、色浓,开花时花柱较花药长或等长,有利授粉和受精,坐果良好;而发育不好的,花柱短于花药,很难得到授粉,大部分落掉。

(3)**营养欠缺** 缺肥少水,则植株生长细弱,养分用于维持生长,则生殖能力低下,坐果少。

(4)**追肥不及时或施肥比例不当** 一般表现为追肥较早,植株徒长,导致花果脱落。施肥比例不当,使植株出现徒长或长势衰弱,则植株营养生长与生殖生长比例失衡,也难坐果。

(5)**光照差** 光合能力低下,花的质量差,很容易脱落;茄子为喜光作物,对光照时间要求较严格,光照弱时,植株生长发育减缓,成花少,花芽质量差。

(6)**病虫危害** 导致植株光合能力降低,不利光合产物积累,也不利成花坐果。

(7)**用植物生长调节剂蘸花浓度不合适** 浓度过低,造成落花落果严重,不易坐果,尤其在气温低、光照弱的环境条件下。

23. 大中棚茄子生产中落花落果的防治措施是什么?

大中棚茄子生产中落花落果的防治措施如下。

第一,注意促进长柱花生长,减少短柱花的比例,以利坐果率

的提高。生产中应用的关键措施是加强花果期的温度管理，在结果期适温范围之内，温度稍低，白天控制在25℃左右，夜间控制在15℃～20℃，使花芽分化稍迟缓，有利于长柱花的形成，可有效地控制短柱花的比例。另外生产中要合理安排种植茬口，夏季高温期应注意浇水降温，如遇连续高温天气，可用遮阳网搭荫棚，以降低温度，促使坐果率提高。

第二，加强肥水管理，保持植株长势中庸，以平衡营养生长与生殖生长的关系，以利坐果率的提高。特别是第一次追肥应适时，最好应在门茄直径3厘米大小时，适期追肥，防止施肥过早，导致花果脱落，以后每采一次果，施一次追肥，进行营养补充，防止植株早衰导致生产能力降低。一般每667米^{2}追施尿素10～15千克、硫酸钾10～15千克。另外，应注意施肥比例适当，防止偏施肥料引起植株营养生长与生殖生长比例失衡，特别是应注意防止因偏施氮肥导致植株徒长现象的出现，一般茄子生产中适宜的氮、磷、钾三者的比例2∶1∶1.7为宜，生产中要注意观察植株的长势，应采用促弱控强的方法，以平衡植株的长势。

第三，加强株型调整，保证植株有良好的通透性，以利坐果。生产中应注意及时摘除老枝、老叶，由于茄子一般在分杈处成花结果，因而在生产中应注意促生分杈，一般一、二、三分杈处所结果多为有效花，能很好地发育和坐果，而四杈之后，则花芽分化差，坐果率低，多为无效花，因而在生产中应注意摘除四杈之后的分杈，以控制田间枝量，集中营养供给，以利坐果。

第四，加强病虫害防治。在生产中应加强对黄萎病、红蜘蛛、蚜虫的防治，具体防治见病虫害部分。

第五，用植物生长调节剂蘸花或喷花保果。具体方法和药剂参见前面部分。

24. 大中棚茄子生产中果实着色不良的原因和防治措施是什么？

茄子果色不正又称茄子着色不良，果色不正直接影响茄子质量。正常茄子果实的颜色应具有品种固有的特征，而且色泽鲜艳、有光泽。但在茄子生产中，特别是保护地茄子生产中，时常出现茄子果实颜色不正的现象，尤其紫色茄子最易果色不正，茄子成熟时，果色为淡紫色、红紫色，严重时呈绿色、白绿色。有时虽然紫色差不多少，但明显失去应有的光泽。果实色泽不正可以是整个果实，但大部分只是半个果实着色不良。

(1)发病原因 茄子果实的紫色，是由花青苷系统的色素决定的，其产生受环境条件影响很大，尤其是决定于光照的强弱。如茄子坐果后，在果实生长期特别是近成熟期，遇连续阴雨寡照天气，持续时间长，茄子果实得不到充足的阳光照射；或茄子果实长期隐蔽在植株叶子下面，受光不好，都能使茄子果实着色不良。若再遇高温干燥，营养不良，不但着色不良而且还缺少光泽。

(2)防治措施 ①选择地势高燥、光照条件良好的地块种植茄子。合理密植，每667米^{2}最好不要超过3000株，不可过密，适当疏枝、摘叶，以保证茄株中下部通风透光。②保护地棚膜应采用透光率好的聚乙烯无滴膜、乙烯-醋酸乙烯无滴膜，并保持棚膜清洁，及时清除积在膜上的尘土。③尽量早揭晚盖草苫，延长光照时间。④加强栽培管理。合理施用有机肥，适时追肥、浇水。果实成熟，及时采收。⑤用植物生长调节剂处理的花冠不易脱落，残贴在花萼处，果实膨大后应轻轻摘掉，以免影响着色。触地茄最好支起来。⑥施用硫酸铵肥料有防止果实色泽不良的作用。喷洒糖液也可以增加茄子的色泽。

25. 大中棚茄子生产中畸形果产生原因和预防措施是什么？

（1）**石茄**　又称僵果，果实细小，质地坚硬，食用性差。形成石茄的原因有2个：一是开花期不能完全受精而形成单性果实；二是后期坐果过多或在干燥、肥料浓度过高、水分不足的环境条件下结实也能形成石茄。

（2）**双子茄**　双子茄是由于养分过剩，形成双子房畸形果。花期遇低温或生长调节剂使用浓度过大，也易形成双子茄。

（3）**裂茄**　有萼裂和果裂2种。萼裂主要是使用生长调节剂的方法不当引起，如使用浓度过高，或多次重复使用，或中午高温使用，另外生长过旺的植株也产生萼裂。果裂原因有2个：一是由于茶黄螨危害幼果，导致果实开裂；二是在果实膨大过程中，久旱后突然降雨或大量灌水，果皮生长速度不及胎座组织发育快而形成裂果。

（4）**无光泽果**　多发生在结果后期，此时天气炎热，空气相对湿度小，不能满足茄子生长的水分要求，造成果实表面的光泽消失，果实膨大受到抑制。

防止茄子落花和畸形果的产生，可根据其发生的原因有针对性地加强田间管理，改善植株营养条件，或正确使用生长调节剂。

26. 大中棚茄子生产中生理障碍的发生原因及对策是什么？

（1）**嫩叶黄化**　幼叶呈鲜黄白色，叶尖残留绿色，中下部叶片上出现铁锈色条斑；多肥、高湿、土壤偏酸或锰素营养过剩，抑制铁素吸收等，易导致新叶黄化。

防治措施：发病后，叶面上喷硫酸亚铁500倍液；田间施入氢

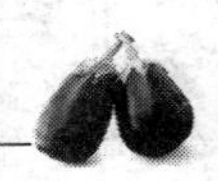

氧化镁和石灰，调整土壤酸碱度；补充钾素以平衡营养，满足或促进铁素供应。

(2)**花蕾不开放** 子房不膨大，花蕾紧缩不开放，影响授粉受精而成僵果。在寒冷季节，田间缺水，空气湿润，土壤 pH 值在7.5以上，土壤中硼的有效性降低；田间有过量石灰钙，诱发植株缺硼，均可造成花蕾长期不开放。

防治措施：叶面上喷硼砂 700 倍液或氨基酸多肽授粉剂。

(3)**果实僵裂** 果实僵硬而不膨大，海绵组织紧密，皮色无光泽，有花白条纹，浇水后成裂果，长不大，品质差。茄皮木栓化后遇晴天浇水会裂果。低温弱光和高温强光期，正值果实膨大，对氮、钾、硼吸收量增多，磷相对需要量较少。如磷素投入量过大，影响钾、硼吸收，会使果实籽多肉少而僵化。

防治措施：磷肥主要作基肥，在定植前施，中后期可用喷施磷酸二氢钾，以叶面补肥的方式施入；结果期主要以氮、钾肥为主。

(4)**落叶掉果** 低温期下部叶黄化脱落，高湿期幼果软化自落。温度过低，氮、磷肥施入过量而使土壤浓度大，植株均会因长期营养不平衡而老化，是缺锌引起的植株赤霉素合成量降低的后遗症。叶柄与茎秆、果柄与果实连接处因缺乏生长素形成离层后脱落。

防治措施：老化秧叶面喷硫酸锌 700 倍液，或每 667 米^2 施硫酸锌 1 千克，也可在叶面上喷绿浪等含锌多的营养元素防落叶促生长。

27. 茄子大棚秋延后栽培与春提前栽培的区别是什么？

秋延后生产处于温度由高到低的阶段，而春提前温度由低到高。前者应选择耐高温又耐低温的品种；前期育苗期间正值高温

多雨季节，苗期病害严重，应遮阴，防止高温和暴雨的危害；生长后期天气转冷后，保温措施不当或贮存温度过低，常使果实受冻、腐烂，导致产量降低，应加强保温，延长采收期。而后者所选品种应耐低温，早熟，前期效益高的品种；育苗期处于冬季低温弱光的环境，管理措施应围绕保温增温、增强光照进行；定植后前期保温，促根壮秧；后期注意通风降温，及时防治病虫害。

28. 大棚秋延后茄子生产如何选择品种?

秋延后茄子的生育期前期炎热，后期寒冷，所以要选择既耐高温又较耐低温，同时要求品种的适应性和抗病性较强。另外，由于后期温度逐渐降低，因此生产不宜选择大果型茄子品种用于秋延后栽培。应选择耐热、耐湿、抗病、耐寒、果大且着色好、品质优、耐贮存的中晚熟品种，如茄杂 6 号、黑茄王、超九叶、紫光大圆茄等。

29. 大棚秋延后茄子育苗时应注意哪些问题?

秋棚茄子对播种期的要求比较严格。早播易受蚜虫和病毒病危害，晚播虽病虫危害轻，但生育期缩短，果实易受寒流袭击。应适期播种，遮阴育苗。

河北省中南部一般 6 月下旬至 7 月上旬播种。由于育苗期在高温雨季，苗床应选择地势高燥、排水良好的地块，半高畦育苗，畦宽不超过 80～100 厘米，畦与畦之间应设排水沟。苗床上搭拱棚，顶上覆盖一层薄膜，防雨淋；其上再覆一层遮阳网，防高温、强光。一般用保护根系的办法穴盘或营养钵育苗，育苗面积每 667 米^2 需 40～50 米^2。营养土配制比例为：50％的没种过茄科作物的熟土、40％充分腐熟有机肥、10％的细沙。每立方米再掺入三元复合

肥 1.5 千克、草木灰 5 千克，混匀过筛即可，pH 值在 6.5～7.0 为宜。也可用直接点播的方法，间苗后栽到秋棚中。

播种前一般只浸种不催芽，或干籽直播。先浇足底水，再播于营养钵中，或按 8 厘米×10 厘米的株行距点播，每穴播 2～3 粒种子，然后再覆盖 1 厘米厚的细土。出苗后及时间苗，防止幼苗拥挤影响正常生长。为防治苗床及周围作物和杂草上的蚜虫，最好在苗床的周围用尼龙网纱围起来。育苗期间要坚持每 7～10 天喷 1 次吡虫啉防治蚜虫，喷甲基硫菌灵防苗期病害，7～10 天喷 1 次 0.3%尿素和 0.2%磷酸二氢钾混合液叶面补肥。为防徒长，出苗后 2～3 片真叶时，可喷 0.4%～0.5%的矮壮素或助壮素溶液，促使壮秧早结果。

30. 大棚秋延后茄子定植后的管理关键是什么？

当秧苗子长出 3～5 片真叶、苗龄 30～40 天时，一般在 7 月下旬至 8 月上中旬即可定植。结合整地施肥，进行做畦。栽植密度因品种而异，一般每 667 米^2 定植 1500～2500 株，如黑茄王每株结 3 个茄子打顶，只需 1800～2200 株，高垄定植，便于排除雨水，降低土壤湿度，减少沤根和病虫害发生。为防止幼苗日晒萎蔫，定植时应选阴天或晴天的下午。定植水要浇足浇透。对徒长的幼苗，不要栽植过深，可采取卧栽的方法，以促成不定根的生成。

为了让植株适应大棚环境，近几年，秋延后一般都带膜定植，大棚两侧的膜卷起。由于生长前期处于高温多雨季节，为了缓苗降温，要浇缓苗水，并实行大通风，促进发根缓苗。定植后2～3 天进行中耕，以增加根的通气性。5～7 天新根发出，心叶展开表明已缓苗。缓苗后多次中耕保墒、蹲苗，促进根系发育。因此时温度高，若土壤水分过大，极易引起徒长。少浇水，及时松土，控制徒

长。最好采用地膜覆盖保湿。若秧苗徒长，定植后可喷施矮壮素(10升水对2毫升)加以控制。

开花时用防落素蘸花。门茄膨大后可随水冲施尿素，每667米^{2}10～15千克，对茄膨大时再追肥1次。密植栽培的(3000株以上)可在对茄瞪眼后，其上留2～4片叶打顶，每株只结3个茄子，果实个大，均匀。一般密度栽植的应双秆整枝，及时摘除下部黄叶、病叶，搭架防止倒伏。

带棚膜定植的大棚，9月中旬以前，要将大棚两侧的膜撩起，无雨时开通风口通风，以降温散湿。高温天气的中午可用遮阳网进行遮阴降温。9月中旬以后，随着外界气温的下降，要逐渐把大棚的两侧膜放下，白天开口通风，夜间盖严。10月中旬以后，当夜间温度降至15℃以下时，可在棚内覆盖小拱棚，白天控制温度在25℃～30℃，夜间要保持在16℃～18℃。再冷时，在大棚和小拱棚之间盖一层薄膜，即三层覆盖，可适当延长采收期。

31. 大棚茄子秋延后生产在高温天气下的管理应注意哪些问题?

大棚茄子秋延后生产，在高温天气下进行管理应注意如下方面。

(1)温湿度调控

①温度调控：白天光照强、温度较高时可适当通风降温，控制植株旺长，增强植株的抗逆能力；还可以通过覆盖遮阳网，遮光防晒，来降低棚内的温度。

②湿度调控：由于塑料膜封闭性强，棚内湿气挥发较慢。如果棚内湿度过大，就容易加重病害的发生，因此要注意加强通风换气，促进棚内与棚外的气体交换，有效地降低棚内的空气湿度，一般棚内空气相对湿度保持在70%～80%。

(2)加强肥水管理 在高温季节，合理运筹肥水，可改善植株营养状况，增强抗御高温热害的能力。同时保证枝叶正常生长，以减轻果实日灼。

①及时施肥：根据不同的生长发育阶段和不同的长势特点结合浇水进行施肥。坚持科学配方施肥，彻底改变以往重氮肥、轻磷钾肥的倾向；坚持以有机肥为主，无机肥（化肥）为辅，这样可增加土壤有机质，改良土壤，促进根系发育，增强植株抗性。尤其在高温季节，减少氮肥的使用，增施磷、钾肥，避免植株徒长。

②合理浇水：浇水是缓解高温危害最有效的措施之一，可适当增加浇水次数和每次的浇水量，一方面降低地温，另一方面通过水分蒸发散热降温。切忌大水漫灌，最好采用微灌、滴灌。有条件时可往叶面喷水，以防叶片脱水；宜在傍晚或早晨浇水，切不可在中午气温高时浇水。夏季雨水偏多，如棚内进雨水，注意做好沟渠的疏通，积水能及时排出田间。

(3)及时防治病虫害 高温是病虫害易发的主要因素，应及时有效预防病虫害的发生，主要有黄萎病、绵疫病、褐纹病、病毒病、白粉病等和蚜虫、红蜘蛛、螨类等。具体防治措施参见第八部分茄子病虫害防治技术有关内容。

32. 为什么用了无滴膜还有滴水现象？怎样减少水滴？

无滴膜是普通膜加了无滴剂，使棚膜在一定的角度下形成流滴，减少了因滴水增加的空气湿度，增强了透光性，有利于温度的提高，促进了作物生长。现在的无滴膜分为聚乙烯长寿无滴膜、聚氯乙烯无滴长寿膜、醋酸乙酯三层共挤无滴膜等，根据作物的不同选择不同的棚膜，若种茄子可选择北京华盾产的醋酸乙酯三层（无滴、保温、透光）共挤膜，透光性好，升温快，保温效果好，茄子着色匀。

无滴膜不是没有水滴，只是不直接从棚膜上滴下来，而是形成流滴，滑落到棚的前沿或两侧。必须要有好的棚形结构，棚面弧度要形成30°的夹角，与棚架不要紧密接触，要顺着棚的弧面有5～10厘米间隙，棚的弧面棚膜要抻平，不要有皱褶（棚膜不平整影响流滴的向下滑落），否则起不到无滴膜的效果。另外有的棚膜质量差或无滴剂施用不均，无滴效果差，可采取在棚膜内侧喷无滴剂，一般生产厂家都有货。在喷到棚膜上一定要晾干后，再关闭风口，无滴效果能维持2～3个月。对中、小拱棚也可喷生豆浆，也能维持3～5天的无滴效果。菜农在生产实践中还找到一个办法，用耐火土处理棚膜也能维持2个月的无滴效果，或将棚膜先扣上10～15天，再把棚膜翻过来扣到棚上也有一定的无滴效果。

33. 大中棚茄子如何应对突然来的低温天气？

大中棚茄子生产主要进行早春和秋延后2个茬口的种植，早春茬前期和秋延后的后期易出现低温危害，应对措施如下。

第一，根据季节的变化，提早做好防寒准备。薄膜、草苫等提前备好，在低温来临时进行多层覆盖。早春生产易在定植后出现低温危害，定植时应覆地膜，加强中耕，提高低温；低温来临前，浇1次小水可有效缓解低温对幼苗的危害；棚内扣拱棚或棚外临时围草苫等，进行保温。秋延后生产9月中旬以后，随着外界气温的下降，要逐渐把大棚的两侧膜放下，白天开口通风，夜间盖严；10月中旬以后，当夜间温度降至15℃以下时，可在棚内覆盖小拱棚，白天控制温度在25℃～30℃，夜间要保持16℃～18℃；再冷时，在大棚和小拱棚之间盖一层薄膜，即三层覆盖，进行保温御寒。

第二，提高作物本身的抗逆性、抗寒性、抗病性等。幼苗定植前要进行低温炼苗，在定植前5～7天，晴天白天温度控制在

22℃～26℃，夜间降至8℃～12℃，前半夜温度适当高一点。阴天时白天温度低，晚上温度也要适当低些，要保持有5℃～10℃温差，但10厘米地温不要低于12℃。低温炼苗不要恒定在一个温度范围内，要在适宜的温度范围内高温与低温交替进行更有利于炼苗，提高耐寒性。

第三，低温寒流到来前，可喷施0.04%芸苔素内酯水剂和0.3%磷酸二氢钾，或喷施10%诱抗素和3%白糖水，以预防低温危害。

第四，在低温到来前，尤其在早春，在大棚较为集中的区域，在上风头位置点燃柴草熏烟，可减轻寒流的影响。但要预防一氧化硫、一氧化碳、二氧化碳等熏苗，最好是柴草。

34. 棚膜使用时间长后如何除尘？

近几年，菜农普遍认识到了棚膜除尘的重要性。有的用拖把擦拭棚膜，有的采用绑小布条的方式擦拭棚膜。用拖把擦拭薄膜，虽然擦得比较干净，但费工费时；采用绑小布条的方式，利用风力来回摆动布条擦拭棚膜，虽不费工，但棚最上面和最下面总是有小布条擦不到的地方。

下面介绍一种新的棚膜除尘方法，既不费工，擦拭范围广，效果又好。先准备一根比棚宽稍长一点的绳子，然后在其上绑一些布条，绑的布条一定要把绳子表面覆盖起来，这样就形成了一根布条绳。然后一个人拿着绳子一头站在棚下，另一个人拿着绳子的另一头站在棚后坡上，两个人把绳子拉紧，来回摆动，在棚膜上一片一片地擦拭，很快就能把棚膜擦得干干净净。擦拭完棚膜后，把布条拆下来清洗干净，等下次再用，非常方便。

六、小棚双覆盖茄子生产关键技术

1. 如何建造塑料小拱棚?

小拱棚栽培是在外界自然条件还不能完全适应蔬菜生长发育的情况下,采用拱架支撑农膜,简单覆盖,提前定植,待温度升高后,撤去覆盖物的一种栽培形式。小拱棚的设置要选择在地势高或排水良好的地块,以南北走向为宜。小拱棚主要由拱架和农用塑料薄膜构成,跨度 1.2～4 米,中高0.6～1.2 米,长度不限。小拱棚骨架一般用竹竿或竹片,骨架间距 80～100 厘米,跨度大的小拱棚还要在棚顶部绑扎竹竿作拉杆,加顶柱等,以固定小拱棚骨架,加强其牢固性。建造时,将拱架单根插入或埋入土中,要使拱架牢固、整齐,将薄膜展平拉紧盖严,四边埋入土中固定。

2. 小棚双覆盖茄子生产的效益如何?

小拱棚是一种简易保护设施,在小拱棚内再加盖地膜,对提高土壤温度,促进根系发育,有很好的作用。特别是茄子根的生长要求温度较高,覆盖地膜一般可比裸地耕层土壤温度提高 2℃～4℃,加盖地膜的小拱棚效果更显著,可比小棚无地膜种植缓苗快,发棵早,植株繁茂,比小棚无地膜提早上市 15～20 天,增产增收。这种栽培形式最普遍,栽培面积最大,也是投入产出比最大的一种保护形式。

3. 小棚棚膜有几种类型?

常用的覆盖小拱棚的透明覆盖物多为厚 0.05 毫米左右的聚乙烯塑料薄膜,幅宽 1.8～4 米,有的采用聚氯乙烯无滴长寿膜)。农用聚乙烯薄膜价格较低,单位面积用量少,抗污力强,只要维护好可使用多年,但容易聚集露珠而影响透光。主要有以下 2 种:一种是聚乙烯防老化膜,光温性能差,扣棚初期的透光率只有 60％～70％ ,但使用期长达 12～18 个月,可生产 2～3 茬作物,可相对降低成本,节约能源。另一种是聚乙烯无滴防老化膜,温光性能好,扣膜初期透光率可达 70％～85％,增产增收显著。

4. 小拱棚内小气候温度、湿度和光照条件各有什么特点?

小拱棚内的气温随外界气温的变化而改变,并受薄膜特性、拱棚类型以及是否有外覆盖物的影响。由于小棚的空间小,缓冲力弱,棚内气温受外界气温的影响较大。晴天时增温效果显著,昼夜温差可达 20℃以上,阴雨雪天增温效果差,遇寒潮极易产生霜冻。

小拱棚的光照情况与薄膜的种类、新旧、水滴的有无、污染情况以及棚形结构等有较大的关系,并且不同部位的光照分布也不同。

小拱棚的空气相对湿度变化较为剧烈,密闭时可达饱和状态,通风后迅速下降。白天进行通风时相对湿度可保持在 40％～60％,比露地高 20％左右。当棚温升高时,相对湿度降低;棚温降低时,则相对湿度增高;白天相对湿度低,夜间高;晴天、风天相对湿度低,阴、雨(雾)天高。

5. 小棚双覆盖茄子栽培应如何选择适宜品种?

由于小拱棚茄子春季早熟栽培定植期较早,而小拱棚的保温性能又相对较差,因此所用品种应具有较好的耐低温性能。小棚双覆盖茄子生产效益的高低关键取决于果实上市时间的早晚,为尽可能提早采收和上市,所用茄子品种应具有早熟、坐果节位低、易于坐果、果实发育速度快等特点。因此,小棚双覆盖茄子栽培选用的品种应具有膨果速度快、连续坐果能力强、早熟、丰产、果实商品性好、抗病性强等特点,如茄杂2号、茄杂12号等品种。

6. 如何确定小棚双覆盖茄子的播种期?

根据当地气候条件和定植适期确定播种期。一般茄子育苗的苗龄为80～90天,采用穴盘育苗,苗龄可缩短至60～70天。冀中南双覆盖栽培12月下旬至翌年1月上旬播种,3月底至4月上旬定植。定植适期的关键是棚内气温不低于10℃,10厘米地温稳定在13℃以上1周的时间,从定植适期再往前推算一个苗龄的时间即为播种适期。一般每667米^{2}播种量30～40克。

7. 小棚双覆盖茄子如何进行育苗前的准备?

春季小拱棚茄子早熟栽培一般在日光温室内育苗。温室使用前应进行消毒,每667米^{2}用硫磺粉2～3千克加80%敌敌畏乳油0.25千克拌上锯末,分堆点燃,密封24小时,放风无味后再育苗。穴盘或营养钵等用40%甲醛300倍液,或0.1%的高锰酸钾溶液喷淋或浸泡进行消毒。

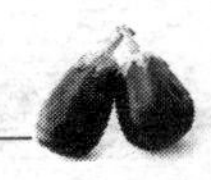

苗床的准备：每 667 米^2 茄子用播种苗床 3～4 米^2，床土厚 8～10 厘米；分苗苗床 30～40 米^2，床土厚 10～12 厘米。床土应选择 3 年内未种过茄果类蔬菜的园田过筛土，葱蒜类田土最好。床土配比为：园田土与充分腐熟过筛有机肥按 3∶2 比例混合均匀，加入磷酸二铵 0.5 千克/米^3、硫酸钾 0.5 千克/米^3、尿素 0.5 千克/米^3。将配制好的营养土均匀铺于播种床上，也可直接装入 8～10 厘米×10 厘米营养钵或塑料筒等容器内，紧密摆放在苗床内。有条件的可用电热温床，苗床电热线功率以 80～120 瓦/米^2 为宜，即 8～10 米^2 苗床用 800 瓦电热线 1 根。将苗床底部整平拍实，先铺 1 层 3～5 厘米厚炉渣或其他保温材料，将电热线按一定距离 S 形往返布满床面，苗床两侧稍密一些，中间稍稀，然后铺营养土或摆放营养钵。

无土育苗选用 50 孔或 72 孔穴盘，基质采用蛭石∶草炭∶腐熟鸡粪∶腐熟牛粪为 2∶1∶1∶1 或 1∶1∶0.5∶0.5，再加少量缓释肥料。

8. 小棚双覆盖茄子如何培育壮苗?

(1)品种选择 选用早熟、抗病、耐低温的高产品种。如茄杂 2 号、茄杂 12 号等。

(2)浸种催芽 用 55℃的水进行浸种，浸种 20～24 小时后将种子冲洗至无黏液，然后摊开种子，散去表面水分，再用湿布将种子包好，放入 28℃～30℃的条件下催芽。也可采用 30℃ 16 小时和 20℃ 8 小时的变温催芽。每天翻动 1～2 次，一般种子不干不再冲水，保持种子以爽、不粘手为度。若种子太干，可稍补充水分。切忌种子过湿，影响发芽。4～5 天后种子露白即可播种。

(3)播种 选择晴天上午播种。播前将床土浇透，用细土找平，将露白的种子均匀撒播，再盖细土，盖土的厚度为 1～1.2 厘

米。最后盖上新地膜保湿增温，撒上毒饵。穴盘育苗分机械播种和手工播种2种方式，若育苗数量不大，可采用手工播种法。将装好基质的穴盘摞在一起，两手放在上面，均匀下压，然后将种子仔细点入穴盘中央，每穴1～2粒，再轻轻盖上一层基质土，与小格相平为宜。播种后及时浇水，穴盘底部有水渗出即可。

(4)**苗期管理** 由于播种季节比较寒冷，播后的主要任务是提高温度。一般要求白天气温保持25℃～30℃，夜间气温不低于18℃～20℃，地温保持20℃～25℃，1周即可出苗。顶土时及时揭去薄膜。出苗期、缓苗期要求的温度较高，以白天28℃～30℃、夜间25℃～20℃为宜。出苗后至分苗前、缓苗后至炼苗要求的温度较低，以白天22℃～28℃，前半夜20℃～18℃、后半夜17℃～15℃为宜。阴天适当降低昼夜管理温度。定植前7～10天要加强低温锻炼。整个苗期地温掌握在18℃～22℃，不低于16℃。苗床温度主要通过对放风量和揭盖草苫的早晚来调节。同时，还要注意结合温度管理放风排湿防病。

9. 为什么说培育适龄壮苗是茄子早熟丰产的基础?

茄子适龄壮苗标准是：茎粗壮，株高18～20厘米；叶厚色深，早熟品种6～7片叶，中晚熟品种8～9片叶，根系洁白发达，70%以上现蕾。茄子一生不同层次的花芽分化基本上是在育苗期间完成的，在幼苗期营养生长和生殖器官分化同时进行。幼苗4叶期以前主要是营养生长，3～4叶期开始花芽分化。因此，培育适龄壮苗是达到茄子早熟、高产的最关键技术措施之一。壮苗抗逆性强，定植后发根快，缓苗快，花芽分化好，花数多，再生能力强，生长旺盛，开花结果早，产量高。常言道，“苗好半成收”，其道理就在于此。

10. 小棚双覆盖茄子定植前应做好哪些准备工作?

(1)提早扣棚 为提高小拱棚内的温度,尤其是土壤温度,要求在茄子定植前10～15天扣棚。密闭增温,以利于茄苗定植后尽快恢复生长。

(2)整地、施肥、做畦 选择3年内未种过茄果类蔬菜、棉花的肥沃地块,最好冬前深耕30厘米左右,并按一定的行距开沟,经一个冬春的晒垡风化,化冻后一次性施足基肥。每667米^{2}沟施腐熟鸡粪2～3米^3、磷酸二铵30～50千克、过磷酸钙40千克、硫酸钾30千克或草木灰80～100千克。施肥后土肥混匀,合沟做畦。采用龟背畦,畦宽70～90厘米、高8～10厘米,每畦栽2行,株距40～55厘米,畦与畦之间距离80～120厘米,上覆地膜。密度依品种而定,一般品种每667米^{2}栽1800～2200株。茄杂二号生长势强,株型较大,双覆盖栽培密度较稀,一般每667米^{2}栽1500～1700株。

做好畦后,及时覆盖厚0.005～0.008毫米、宽80～100厘米的地膜,覆盖地面后上覆小拱棚,棚膜厚0.03～0.05毫米、宽180厘米,长度依地块而定。拱架材料选用细竹竿或竹片,两端插入地中,做成拱架,高度80～100厘米;上覆棚膜,先从一端开始,两侧拉紧,用土压实,最后压住另一端,形成封闭的小棚,等待定植。

11. 如何确定小棚双覆盖茄子的适宜定植期?

确定小棚双覆盖茄子适宜定植期的原则是,当棚内连续10天气温在10℃以上,地温稳定在13℃以上时方可定植。可提前扣棚提温,我国华北地区一般在3月下旬至4月上旬定植,长江流域一

般可在2月下旬至3月上旬定植，东北及西北高寒地区一般在4月上中旬定植。冀中南地区小棚双覆盖栽培一般3月底至4月初定植。选择冷空气刚过，天气转暖的时节，即“晴头冷尾”的天气为宜。

12. 小棚双覆盖茄子如何定植？

定植前10天，苗床浇1次透水，2～3天后切坨，并将苗坨挪动。待苗坨表面见干时，向苗坨间隙撒细潮土开始囤苗。穴盘苗在定植时直接将苗盘运至大田，将秧苗带坨用手拔出，植入田中即可。定植前5～7天，要加强通风，降低温度进行炼苗，使苗子敦实健壮以利缓苗。选晴天上午定植茄苗。揭开拱棚，边栽边盖，定植后尽早盖严。定植有以下两种方式：一种是水稳苗，即先挖穴，在穴内灌水，待水尚未下渗时将幼苗轻轻放入穴内，填土覆平畦面，这种方法可以避免因畦面浇大水降低地温而延迟缓苗，缺点是费时费工；另一种是挖穴栽苗再浇水，即先挖穴栽苗，再浇足定植水。这种方法优点是省工、快捷，缺点是遇低温缓苗慢。栽苗深度是以没过土坨为宜，切忌过深，即通常说的“黄瓜露坨，茄子没脖”，否则不利于缓苗和发根。

13. 小棚双覆盖茄子定植后应注意哪些问题？

冀中南地区小棚双覆盖茄子定植一般在3月底4月初，天气晴朗时，小棚内温度易迅速升高，加上用新棚膜，中午前后的棚内温度高达40℃以上，因此，一定要注意防风，当气温达到35℃时，在小棚背风一侧放小风来控制温度，防止烤苗。多云天气，应注意观察天气变化，防止日出温度升高烤苗。其他天气应注意保温提

温，促使茄子早发根、早缓苗。一般定植后，待秧苗心叶转绿、地温稍有回升后，再视天气、秧苗情况浇水。当夜温稳定在15℃以上时可昼夜通风，以后随温度的升高可撤掉棚膜。门茄瞪眼后加强水肥管理和黄萎病的防治，保花促果。春季低温时可用20～40毫克/千克防落素喷花，以利坐果。喷花时可加入1克/升腐霉利，以防灰霉病发生。及时去除底部老叶、病叶，适时吊枝，以利通风透光。坚持预防为主，进入雨季要注意排水防涝，防止沤根、烂果，及时打药，防治病虫害。

14. 小棚双覆盖茄子缓苗期如何管理？

定植后，为促进缓苗，一般5～7天闭棚提温，白天25℃～33℃，不超过35℃基本不放风，夜间15℃～20℃。开始通风时，可掀起小棚两端的薄膜通小风。随着天气的转暖，通风量由小到大。定植后3～5天，当秧苗心叶变绿时，水稳苗方法定植须视秧苗、天气和土壤水分情况，浇1次缓苗水，若定植时浇水充足的，可不浇。浇水当天要闭棚提温。定植后10天左右，茄苗可长新根，茎叶开始生长，进入了蹲苗期。

15. 小棚双覆盖茄子结果前期如何管理？

定植缓苗后，进入蹲苗阶段。蹲苗的目的主要是促进根系发育，抑制营养生长，促进开花结实。此时主要的农事活动是中耕松土（未覆地膜的畦间）1～2次，以提温保墒、促发新根。蹲苗期的长短应看天、看地、看苗相，因地制宜，灵活掌握，直到门茄鸡蛋大小前控制浇水、追肥。

当门茄瞪眼时结束蹲苗，进入开花结果前期，营养生长与生殖生长同时并进，白天22℃～28℃，夜间13℃～16℃。要加强肥水管理，结合浇水追施催果肥，一般每 667 米^2 施三元复合肥20～30千克。若基肥充足的，这次肥也可不追施。门茄应及时采收，一般单果重 0.5 千克左右即可采收，尤其是当植株较弱或有坠秧现象时更需及时采收，采收过晚将抑制对茄膨果，严重影响前期产量。

封垄后，应在茄株两侧各拉一根铁丝，每隔 8～10 米加以木桩或两根竹竿交叉固定，铁丝距地面 70 厘米左右，以免茄株倒伏或因结果多而使果枝折断。

16. 小棚双覆盖茄子盛果期如何管理？

门茄采收后，进入盛果期。白天 25℃～30℃，夜间 16℃～20℃。此期对茄、四门斗将迅速膨大，对水肥的要求达到高峰，应视天气、植株长势情况浇水施肥。一般每隔 5～7 天浇 1 水，掌握土壤见干见湿，隔 1 次水追施 1 次速效肥，每 667 米^2 施尿素 15～20 千克，或灌施腐熟的人粪尿 1000 千克。还可结合打药进行叶面补肥，喷施 0.2％尿素＋0.2％磷酸二氢钾＋0.8％过磷酸钙的混合液，共 1～3 次，以傍晚喷施效果最好。

17. 小棚双覆盖茄子如何整枝打杈？

茄子的分枝结果比较规律，原则上按对茄、四门斗的分枝规律留枝。门茄以下的侧枝全部摘除，门茄应及时采收，2～3 秆整枝，在四门斗生长过程中，要视植株结果情况剪去徒长枝和过长枝条，不留空枝，集中营养以保持连续结果性。为了春季提前上市，也可在对茄以上留 3 片叶掐尖，这样 1 株只留 1 个门茄和 2 个对茄共 3 个茄子，但需增加每 667 米^2 密度至 3000 株以上。如果当年市场行情好、基肥充足，夏秋季节想要茄子继续生长的话，可在四门斗

果实采收后(约7月中旬),重剪一次,之后随浇水每667米^{2}施尿素25~30千克或三元复合肥20千克,促使新枝萌发、生长。在8月20日前后又形成第二个结果高峰期。

18. 小棚双覆盖茄子如何保花保果?

小棚茄子初花期气温尚低、湿度较大,有落花落果现象,需用植物生长激素处理保花保果。茄子蘸花应在晴天上午8~9时进行,用茄灵(含2,4-D钠盐0.25%,含五氯硝基磷甲氧基酚0.3%)250倍液蘸花。蘸花的药液要随配随用,内放鲜艳的广告色,以免重复使用。另外,喷花、蘸花都应避开中午高温时间。

七、露地茄子生产关键技术

1. 露地茄子栽培有什么特点?

露地茄子一般是指1月下旬至2月上旬播种,4月中下旬定植,6月上旬开始收获,7月底至8月初拉秧,或一直延续至10月份的一茬地膜和裸地茄子。其栽培特点是:管理比较简单,投资少,种植风险小。露地栽培包括春播和夏播。春播茄子一般于1月下旬至2月上旬在温室或阳畦播种育苗,苗龄80~100天,当早熟品种6~7片叶、晚熟品种8~9片叶时定植。夏播茄子一般于4月中旬至5月上旬露地小棚播种育苗,苗龄45~60天,当茄苗长到4~5片叶时定植,选择耐热、耐湿和抗病的品种。育苗期间需搭荫棚,这样既能防雨,防太阳暴晒,又便于通风。

2. 春露地地膜覆盖栽培与传统的裸地栽培相比有哪些优点?

塑料薄膜地面覆盖,简称地膜覆盖,是利用厚度为0.008~0.015毫米的聚乙烯或聚氯乙烯薄膜覆盖于地表面的一种栽培方式。地膜覆盖能改善作物耕层水、肥、气、热和生物等诸多因素之间的关系,为作物生长发育创造良好的生态环境。现在春露地茄子栽培主要以地膜覆盖栽培为主。其主要作用有以下几点。

(1)提高地温 覆盖地膜可提高土壤保温性能,提高地温2℃~6℃,利于发根,延长作物生长时间。

(2)保水 覆盖地膜可减少土壤水分蒸发,减少浇水次数,防

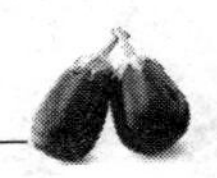

止土壤板结。

(3)保肥 地膜覆盖保墒增温，保肥性能好，增加了土壤营养，保持了土壤疏松，利于土壤微生物的活动，速效氮含量增加，可少施氮肥20%～30%；可促进土壤中的有机质分解转化，增加土壤养分，有利于根系发育。

(4)降低空气湿度 对于日光温室冬季生产而言，由于外界温度低，温室通风受到限制，常造成室内空气湿度较高。而采用地膜覆盖栽培时，由于可减少地面水分蒸发，对于降低温室内空气湿度和病害会起到一定的帮助作用。

(5)提高光合作用 地膜覆盖可提高地面温度，增加地面的反射光和散射光，改善作物群体光热条件，提高光合作用强度，为早熟、高产、优质创造了条件。

(6)抑制杂草生长，减轻病虫害的发生 地膜覆盖后土表层温度可达50℃，甚至更高。当杂草种子萌动后会被高温杀死，而且减少了病害的危害或因雨水反溅所传播的病害。

(7)提早上市，提高产量 由于各种因素的综合影响，使植株生长强健，加速发育，提早开花结果，提早采收，产量提高20%～30%。

3. 地膜覆盖栽培在管理上和裸地栽培有何不同？

地膜覆盖栽培在管理上和裸地栽培的不同点为：一是地膜覆盖栽培宜选用早中熟品种，而露地栽培则以中晚熟品种为主。二是地膜覆盖早熟栽培需培育强壮的大苗，要求具有6～8片真叶，叶色浓绿，叶肥厚，茎粗壮，根系发育完整，株高不超过20厘米，花蕾长出待开，并经过充分锻炼的幼苗；露地栽培对幼苗的要求不那么严格。三是整地施肥方式不同。地膜覆盖栽培要求做高畦，做

畦时施足基肥，追肥次数少，氮肥施用量可比露地栽培少20%左右；露地栽培的一般采用平畦或小高垄即可。四是地膜覆盖栽培不需中耕培土，这些工作已在定植前的整地、做畦和覆膜操作中完成了，一般覆膜前施用除草剂后即不需再除草；而露地栽培，中耕、除草、培土是整个栽培过程中极为重要的工作，具有提高地温、保墒、防倒伏等多项功能。

4. 茄子地膜覆盖栽培有哪些方式？各有什么特点？

茄子地膜覆盖栽培方式有2种：一是高畦地膜覆盖栽培，二是沟畦栽种地膜覆盖栽培。

高畦地膜覆盖栽培：是应用最广泛的一种，畦面呈龟背形，上覆地膜，畦高和畦宽的确定要视地区、土质、地势、水位、降雨量及耕作管理水平而定，以便充分发挥这种栽培方式和当地自然资源的优势。

沟畦栽种地膜覆盖法：其特点是地膜先当“天膜”用，对膜下的沟畦起到一定的保温防寒作用，使茄子比高畦地膜覆盖栽培提前定植10～15天，待终霜过后，将茄苗引出膜外。一般栽好苗后覆膜。

5. 如何选购合适地膜？

目前市场上地膜种类很多，质量也良莠不齐，选购地膜可从以下几方面考虑。

(1)按用途选择

①普通地膜：作物采用地膜覆盖栽培，可以提高地温、保墒、护根以及提高肥效等。地膜还有一定的反光作用，可以改善植物中

下部叶片的受光条件。

②银灰色地膜：银灰色地膜地面覆盖，具降温、保湿、驱避蚜虫的作用，能增加地面反射光，有利于果实着色。

③黑色地膜：黑色地膜地面覆盖，可明显降低地温、抑制杂草、保持土壤湿度。

④黑白二面地膜：此为正反面黑白2种不同颜色的地膜。黑白二面地膜地面覆盖时，一般让黑色面朝下，白色面朝上。它不但具有黑色地膜覆盖的作用，同时还有白色膜面反光的效果。对茄果类蔬菜，栽培效果最理想，但成本较高。

(2)**反复拉伸地膜**　好的地膜，横向和纵向的拉力都较好，剪下一小条地膜，拉伸时可伸长2～3倍，仍不会断裂。而劣质地膜则脆，在拉伸过程中容易产生裂痕甚至拉断。优质地膜耐性好，在寒冷的冬天，仍然保持很好的柔软性，而一般地膜则变硬，稍一折就会有白痕。保温性好的膜当被拉伸时，拉开的地方会变白，在变白的地方如反复拉，则又透明，说明质优能高保温，一般地膜则无此效果。

(3)**用手捅窟窿**　如果捅的窟窿是圆的，而且有毛边，说明这个膜的纵向和横向的拉力就是一致的；如果捅的窟窿是扁的，或者一捅窟窿就沿着一个方向撕开了，这个膜的质量就不行。然后卷起地膜再从头到尾捏一遍，看一看整个成卷的松紧程度，如果整个成卷地膜松紧程度一致，就说明这卷膜是薄厚比较均匀，覆盖的时候拉力也就比较一致。

6. 春露地茄子栽培如何选择品种？

春露地茄子是利用自然条件下温度适宜的季节进行生产的一茬。一般露地栽培常在当地终霜期后，日平均气温达到15℃左右时开始定植，不过在生产中，早熟栽培为争取上市时间，在不致受冻害的情况下应尽量早栽，露地定植的中晚熟品种可延续到终霜后6～8天定植。它要求品种生长势强、耐热、抗病、个大、品质好、产量高。

(1)中熟、高产品种 如茄杂13号、茄杂2号等。这类品种膨果速度快，有早熟、高产的特点，即可争取早期效益，又可获得高产。

(2)中晚熟、耐热、抗病品种 它是晚春或早夏茄子，是利用春播快菜收获后栽植的，定植时间比早熟栽培稍晚，要求耐热、抗病，生产上争取总产量高，如黑茄王、茄杂6号等。

7. 如何确定春露地茄子的播种期和定植期？

播种期是根据茄子品种的生育期、特征特性、气候因素、育苗条件、栽培形式、上市时期等决定的，即把不同品种的旺盛生长期和产品器官形成期安排在环境最适宜的季节。总的原则是从预计的定植期起向前推算育苗所需日数的那个时间，一般茄子阳畦育苗的苗龄为90～110天，电热温床的苗龄为70～90天，可根据育苗方法与形式的不同，适当地减少或增加苗龄。

8. 春露地茄子育苗应注意哪些问题？

这茬茄子开始育苗正在“三九”寒天或早春，外界气温低，地温也低，应采用温室、温床或阳畦等保护设施，而且要针对这茬茄子育苗中可能出现的问题，采取一些相应的措施。

(1)防止僵苗 这茬茄子育苗期间极易出现僵苗。僵苗的特征是茎细、叶小、根小且色暗、新根少。形成这种苗子可能有2个原因：一是采用人工加温设施育苗或营养钵育苗时，容易出现缺水现象，从而导致出现僵苗。二是地温长时间低于15℃就可能造成

锈根，从而造成僵苗。育苗设施保温能力差，或遇有连阴雾天时，应采取其他措施提高地温加以预防。对于已有僵化现象发生的秧苗，除了采取提高温度、适当浇水等措施外，还可喷洒 10～30 毫克/千克赤霉素，每平方米用稀释的药液 100 毫升左右，喷后约 7 天开始见效，可刺激生长。

(2)防止沤根、寒根 秧苗沤根是由于苗床土壤水分经常处于饱和状态，湿度过大，缺少空气，根系易沤烂，地上部停止发育，叶灰绿色，逐渐变黄。寒根是由于苗床地温太低所引起的，沤根和寒根常常一起发生。防止措施是控制苗床浇水量，提高地温，一旦发生沤根，应及时通风排湿或撒干土吸湿，或松土增加土壤蒸发量。

(3)苗期猝倒病 猝倒病是茄子苗期的重要病害，多发生在早春育苗床或育苗盘上，常见的症状有烂种、死苗和猝倒 3 种。烂种是播种后在其尚未萌发或刚发芽时就遭受病菌侵染，造成腐烂死亡；幼苗感病后在茎基部发生水渍状暗斑，继而绕茎扩展，逐渐缢缩呈细线状，幼苗地上部因失去支撑能力而倒伏，即猝倒病。防治方法见第八部分。

(4)苗期立枯病 立枯病又称霉根，一般多发生于育苗的中后期。病苗茎基部产生椭圆形暗褐色病斑，然后病部收缩变细，茎叶萎垂枯死；稍大幼苗白天萎蔫，夜间恢复，当病斑绕茎一周时，幼苗逐渐枯死，但不呈猝倒状。病部初生椭圆形暗褐色斑，具有同心轮纹及淡褐色蛛丝状霉，这是该病与猝倒病区别的重要特征。防治方法参见第八部分茄子病虫害防治技术有关内容。

9. 春露地茄子如何选择定植地块？

茄子对土壤质地及结构要求较严格，定植地块最好选择有机质含量丰富、土层深厚、保水保肥力强、排水良好的沙壤土，这样结果期长、病害少、产量高。茄子是最忌连作的蔬菜之一，连作很容

易发生土传病害黄萎病等。因此种植茄子的前茬地应在3年内没种过茄果类蔬菜，以白菜类、豆类、葱蒜类、瓜类为好。早熟栽培的地块发病较轻，如进行冬季深翻休闲后，番茄、辣椒茬也可，但连茬不能超过两年。在前茬作物收获后要进行深翻晒垡，定植前15天左右再浅耕细耙，精细整地。

10. 春露地茄子对于整地、施肥、做畦有什么要求?

准备种植茄子的地块，最好在前一年秋冬进行一次深耕，深度为20～25厘米。深耕之后，经过一个冬春的晒垡风化，早春土壤解冻后，可将腐熟打碎的农家肥铺撒于地面，然后再耕翻细耙。茄子生长期长，要重施基肥才能防止中后期脱肥引起的早衰。一般中等肥力的地块应每667米^{2}施圈粪或堆肥5000千克，或大粪干1000千克。粪肥发酵期内每667米^{2}总基肥中应掺入过磷酸钙30～40千克、钾肥20千克，结合整地将肥与土充分混合或埋入地下。为了防止地下害虫咬伤幼苗，可在做畦时喷2.5%的敌百虫粉溶液，然后做畦。露地栽培一般是平栽或小高垄，地膜覆盖栽培一般是做高畦，按大小行种植(详见第六部分有关内容)。

11. 春露地茄子如何使用除草剂?

在春露地茄子生产中，中耕除草很重要。如果采用化学药剂，不仅可以有效防除杂草，提高蔬菜的品质和产量，同时也可以节省大量用工，减轻劳动强度。可在移栽前5～7天，每667米^{2}用48%氟乐灵乳油100～150毫升，或48%仲丁灵乳油150～300毫升，或20%敌草胺乳油150～200克，或48%甲草胺乳油100～150毫升，对水40～50升喷雾地表，处理土壤。氟乐灵除草剂在

喷后24小时内要用锄头或齿耙松动1～3厘米土层，使药剂与土壤混合，以减少光解引起的耗损，提高药效。喷后不能立即移栽茄苗，否则容易产生药害。一般隔2～3天后再移栽，药效可维持45～60天。进行地膜覆盖栽培的，在整地做畦后，可每667米^{2}用33%二甲戊灵乳油100～150毫升，或72%异丙甲草胺乳油75～100毫升，或20%敌草胺乳油150～200毫升，对水50升喷雾地表，然后盖膜，药效可保持45～60天。

要严格掌握用药量，施药时要做到均匀、周到、不重喷、不漏喷。施药应选择在无风的晴天，避免药液飘移到周围附近的敏感作物区造成药害。应尽量避开高温时用药，以免药液过快蒸发影响药效。施用除草剂也需要土壤中有一定湿度，一般土壤湿度大有利于杂草吸收药剂。

12. 如何确定春露地茄子的定植密度？

茄子的叶片肥大，叶数较多，能相互遮阴，越往下层遮阴越严重，受光越差。定植密度越大，遮阴越严重，通风透光越差，植株就会因为不能充分利用光能而生长发育不良，使茎枝细弱，且落花、落果严重，从而降低茄子的产量和品质，所以密度必须合理。密度大小与品种特征特性密切相关，不同品种植株高度、开展度、分枝角度以及叶片大小等性状不同，定植密度也不同。

茄子定植行株距可参考表4。

表4 茄子定植行株距

茬口	品种	行株距/厘米	每667米^{2}株数
春播	早熟	(60～70)×(35～45)	2 200～3 200
	中晚熟	80×(45～50)	1 600～2 200
夏茬	中晚熟	(80～90)×(40～42)	1 800～2 000

13. 春露地茄子定植方法有什么要求?

春露地栽培一般在4月中下旬选晴天上午定植。定植前要整地施入足够的基肥,每667米^{2}施入腐熟的有机肥5000千克,三元复合肥50千克,然后深翻、搂平,按照一定行距做成高畦,畦高10～15厘米,覆盖地膜。不覆膜的也可做成平畦或垄。具体栽法有穴栽和沟栽2种。穴栽是按行株距用铲先挖穴后栽苗,沟栽是先按行距开沟,再按株距摆苗。定植密度根据整枝方法和品种而定,茄子苗定植的深度,以子叶正好与地面相平为宜。覆土后浇水,浇水不宜过大,湿透土坨为好。

14. 春露地茄子缓苗期如何进行管理?

春露地茄子定植时,由于地温低,为促使缓苗早发根,定植水不宜过大。当土壤干湿适度时应及时进行中耕松土。定植后5～7天再浇1次缓苗水,水量也不宜大。有条件的可在浇水前开侧沟,每667米^{2}施尿素10千克,称之为缓苗肥或促秧肥。基肥已施足或地膜覆盖的这次肥可免施。一般定植后10天左右茄苗可发出新根,缓苗结束,到了蹲苗期。

15. 春露地茄子蹲苗期如何进行管理?

茄子的蹲苗是为了促进根系发育,抑制营养生长,促进开花结实。蹲苗期的长短应看天、看地、看苗相,因地制宜灵活掌握。这期间主要农事活动是中耕松土,缓苗水浇后进行第一次中耕,深度3～6厘米,距根部近的地方宜浅些,距根部远的地方宜深些;10天之后进行第二次中耕。中耕具有提高地温、保墒、增加土壤透气性

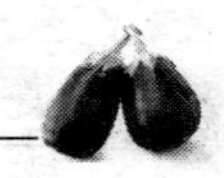

和促进植株发新根的作用。地膜覆盖的只控制浇水，锄划没铺上地膜的畦沟。一般门茄瞪眼时结束蹲苗，开始浇水追肥，进入结果期管理。

16. 春露地茄子结果期如何进行管理？

当门茄瞪眼时结束蹲苗，追1次催果肥，浇1次催果水，最好追大粪干或饼肥，每667米^{2}追70～100千克肥，并掺入适量过磷酸钙，混合施用，也可每667米^{2}施尿素8～13千克。结合这次追肥，在植株基部培土或高垄，以防后期倒伏。对茄和四门斗迅速膨大时，对肥、水的要求达到高峰，应视天气情况每隔4～6天浇1次水，隔1次浇水追1次速效肥，一般每667米^{2}灌施腐熟的人粪尿1000千克，或氮钾复合肥15千克左右，或冲施尿素10～15千克。结果盛期可结合打药于叶面补肥，喷0.2%尿素+0.2%磷酸二氢钾+0.8%过磷酸钙的混合液，以傍晚喷施效果最好。

进入雨季要注意排水防涝，防止沤根和烂果。对生长期长的茄子，应加强雨季后的肥水管理，以防早衰。

17. 春露地茄子如何整枝？

茄子的分枝结果比较规律，整枝方法很多，但多以常规整枝方法为主。

(1)常规整枝法 一般需要将门茄以下主茎基部的侧枝全部打掉，即老百姓所说的“撸裤腿”。在门茄以后，按对茄、四门斗、八面风的分枝规律留下枝条，其余叶腋间长出的侧枝全部摘除。在茄子生长的中、后期，对门茄以下的老、黄、病叶全部打掉。主要目的是减少养分消耗，改善植株通风条件。整个整枝过程比较简单，1～2次可完成。

(2)**留营养叶的常规整枝法**　早熟品种多采用此法整枝。方法为在门茄下多留2个侧枝，将这两个侧枝各留2～3片叶打尖，以作为保证门茄生长的功能叶，其余按常规整枝法进行，一般四门斗采收后即可拉秧。此法早期产量比常规整枝法要高。

18. 春露地茄子需要培土吗？如何进行培土？

随着植株的生长，地上部重量逐步增加，为防止植株倒伏，一般应在植株封垄之前，将行间的土壤挖起，培放在植株根茎处。培土不仅可防止茄子倒伏，还对结果期果腐病有一定的预防作用。

首先，培土时间要确定好。培土过早或过晚都会影响茄子生长。培土过早，植株过小，根系尚未展开，且地温升高快，不利于茄子根系发育；培土过晚，茄子长得过高会出现倒伏，且伤根也比较严重，再进行培土时比较麻烦。一般来说，茄子定植后20天左右，茄子长到25厘米左右时即可进行培土。其次，培土前要摘除基部老叶和杈子，拔除棚内的杂草。摘除老叶和杈子可减少营养消耗，促进结实。但要注意摘叶不要过重，否则会影响产量。在摘叶、抹杈时要注意将棚内的杂草一块拔掉，否则等培土后杂草还继续生长，与茄子争夺营养，影响茄子生长。还要注意在进行这一系列工作时，发现有倒伏的茄子，可在茎基部用大土块挡一下，这样在培土时方便很多。另外，培土时需要从定植行两侧取土，在取土时一定要均匀，不要只顾培土，而将两侧弄得凹凸不平，不仅不利于行走，还会影响浇水。

19. 春露地茄子如何进行追肥？

追肥与浇水是茄子高产的重要管理环节。茄子是喜肥作物，

缺肥时,会造成茄子的短柱花和中柱花比例升高,坐果率降低,产量显著降低,品质明显下降等。茄子的生长期长,枝叶繁茂,需肥多且耐肥,所以生长期内追肥是保证茄子丰产的主要措施。但茄子结果前需肥少,结果后需肥多,追肥要根据各个不同生育阶段的需肥特点进行。

茄子追肥应掌握以下几个原则:氮、磷、钾平衡使用,有机肥和无机肥配合施用;有机肥作基肥,无机肥作追肥;磷、钾肥作基肥早施,速效氮肥作追肥。进入夏季高温多雨季节,除了应注意经常浇水,还应注意雨后的田间排水,避免造成田间积水,否则容易造成土壤缺氧而引起沤根,并引发黄萎病或疫病等。

(1)**定植到开花** 本阶段施肥主要作用在于促使植株生长健壮,为开花结果打好基础。一般在定植后 4～5 天(缓苗)随缓苗水追施化肥,一般每 667 米^2 追施尿素 10～15 千克。

(2)**门茄坐果后至对茄采收前** 门茄坐稳后,对肥水的需求量开始增大,应及时浇水追肥,肥随水施。对茄和四门斗茄相继坐果膨大时,对肥水的需求达最高峰。对茄瞪眼后 3～5 天,要重施 1 次粪肥或化肥,一般每 667 米^2 追施尿素 15 千克、硫酸钾 10 千克。四门斗茄果实膨大时,再重施 1 次粪肥或氮肥。

(3)**四门斗茄采收后** 天气已逐渐炎热,土壤易干,主要以供水管理为主,配合以 20%～30%的淡粪水浇施,一般每采收一次茄子追施 1 次粪水。结果后期可进行叶面施肥,以补充根部吸肥的不足,一般喷施 0.2%尿素和 0.3%磷酸二氢钾溶液,喷施时间以晴天傍晚为宜。

20. 春露地茄子生产为什么要"涝浇园"?

炎热的夏季中午,一阵热雨(俗称"热阵雨")过后,有经验的菜农会立即再用井水浇一遍菜园,这就是生产上常说的"涝浇园"。

夏季中午前后，地温常常可达40℃～50℃，甚至更高，因而作物根部的呼吸作用十分旺盛。阵雨过后，土壤中充满了水分和水汽，空气状况迅速恶化，根部的呼吸作用无法正常进行，茄株的生长受到抑制，严重时还会造成植株大量死亡。如果此时及时用温度较低的井水串灌一遍，可以降低地温，赶走水汽，改善土壤空气状况，从而减轻“热阵雨”的危害，防止茄子死苗。

21. 春露地茄子为什么容易落花落果？如何预防茄子落花落果？

茄子在开花过程中，一般都有不同程度的落花落果现象。茄子落花落果的原因很多，除由花器本身的缺陷引起落花落果外，植株营养不良、光照不足、温度过高或过低、空气干燥、阴雨连绵、病虫危害等，均能引起落花。露地早春茄子落花落果的主要原因是：露地早春茄子定植时，外界气温低，茄子受精不良，发生低温性生理障碍，引起落花落果；催果水浇得过早、过多，形成积水，地温下降，造成沤根，引起落果。由于茄子早期开花的数量有限，因此，落花落果对茄子早期产量的影响极大，必须采取有效措施予以预防。

为防止春露地茄子落花落果，应培育壮苗，加强温湿度调控，及时适量给肥水；定植后缓苗要快，防止秧苗过弱；及时中耕培土，促进根系发育；在茄子花蕾含苞待放到刚开放这段时间，用防落素蘸花，温度低时浓度高些，温度高时浓度低些，不能重抹，可在药液中加广告色作标记。使用防落素处理后，果实发育较快，对肥水需求量增加，应适当加强肥水管理，效果才能好。对于发棵不好的植株，如坐果过早，可能要坠住秧子，对以后生长不利，应考虑推迟使用生长调节剂。

22. 露地夏茬茄子栽培有什么特点?

夏播茄子又称麦茬茄子、秋茄子,一般是在露地播种育苗,麦收后定植,立秋前后开始收获。夏播茄子的气候特点主要是:在门茄收获以前正处于高温多雨季节,茄子是在不利的气候条件下生长、开花、坐果的;而在门茄收获后,秋高气爽,阳光充足而又较干燥少雨,茄子是在有利的气候条件下开花、结果的。因此,一切栽培措施,都必须适应这些特点,才能为茄子的生长发育、开花结果创造适宜的条件,为丰产打下良好的基础。

夏播茄子一般是在 4 月中下旬露地育苗,6 月上中旬前茬作物(小麦、油菜、地芸豆、大蒜等)收获后定植,7 月底至 10 月份上市的一茬越夏栽培茄子。夏播茄子栽培的气候特点主要是:育苗前期温度较低,结果期正值高温多雨季节,炎热多雨的夏季不利茄子生长、开花、坐果,但商品价值高。

23. 如何选择露地夏茬茄子品种?

选择耐热、抗病品种是夏播茄子种植成功的关键。目前,国内生产上使用较多的耐热性好的品种主要有:黑茄王、超九叶、茄杂 6 号等,这些品种的突出特点是:熟性较晚,植株生长势强,耐高温能力强,在炎热的夏季坐果性好,果实着色均匀、发亮,商品性好,抗绵疫病能力强。

24. 露地夏茬茄子如何育苗?

河北中南部地区一般 4 月中下旬露地播种,苗龄 50～60 天。选择地势高燥、排水良好、土壤肥沃的地块建育苗畦,做成 1.5 米宽、长度不限的育苗阳畦，或平畦加盖小拱棚。育苗床土配制宜选用未种过茄科作物的肥沃田园土 6 份，腐殖酸肥 1 份，牛粪 3 份，放入少许腐殖酸磷肥。把粪肥与土混匀，畦面整平，浇透水，水渗后撒一层细土，再播种。

种子用 55℃温汤浸种，浸泡 20～24 小时，催出种芽露白后播种，也可只浸种不催芽，直接播种，或干籽直播。

当茄苗长到 3～4 片真叶时，按 10 厘米株行距分苗，注意带土保根，坐水栽苗，用 600 倍液硫酸锌水浇灌，增加根系数目。缓苗后锄划 1～2 次，床土见干见湿。这一时期育苗，幼苗生长快，要注意适当控制浇水和看苗浇水，以防徒长。后期高温多雨，应搭荫棚或遮阳网，做到既能防太阳暴晒，又能防大雨冲淋。幼苗 5～6 片真叶时即可定植。

若不分苗，也可播种稀些，出苗后及时间苗，苗距在 13 厘米左右。苗龄 40～50 天定植。

苗期注意防治猝倒病、立枯病、蚜虫、棉铃虫、白粉虱、潜叶蝇等。

25. 露地夏茬茄子如何定植？

定植前用络氨铜 300 倍液施入苗圃或喷洒，防治茄子黄萎病。集中喷苗，用 70%甲基硫菌灵可湿性粉剂 1000～1200 倍液防治真菌性病害，喷 50%抗蚜威可湿性粉剂 2000～3000 倍液防治蚜虫。

定植时间一般在 6 月中旬，要带土坨起苗定植，以防茄苗日晒萎蔫，最好选在阴天或下午 4 时以后，如果是晴天定植，要注意随栽苗、随浇水，并浇透定植水。夏播茄子生长期正值高温雨季，生长迅速，易造成植株郁闭，种植密度要小，株距 40～50 厘米，一般每 667 米^2 栽植1500～1800株。

定植过早，则开花期正值高温雨季，易造成大量落花、落果，影响产量。定植过晚，植株尚未缓苗就进入高温高湿季节，易导致苗子根少、苗弱、病重，不能安全越夏而失败。因此，要及时合理地定植，使茄子开花结果的高峰期处在炎夏之后。

26. 露地夏茬茄子定植后应如何管理？

浇透定植水，2～3 天后视土质、墒情、苗情可浇 1 次缓苗水，及时中耕除草 2～3 次，促其发根、发棵。夏季杂草生长迅速，如不及时除草，杂草就会和茄苗竞争养分，导致茄苗弱小，产量降低。封垄前适当培土成高垄，暴雨过后及时排除积水，土壤湿度大时，可在垄间铺麦秆降湿，减少地面积水和水分蒸发，同时还可抑制杂草、防止烂果。

当 30%～50%植株门茄鸡蛋大小时，开始浇 1 次水。每 667 米^2 追尿素 7～10 千克、硫酸钾 10 千克。以后视天气情况每隔 5～6 天浇 1 次水，隔 1 次水追 1 次肥，每次每 667 米^2 追尿素 10～15 千克。注意整枝打杈，将门茄下部侧芽及早抹去，以免消耗养分，上部按茄子的分枝规律整枝。夏播茄子生长迅速，枝叶繁茂，封垄后在茄株两侧各拉一根铁丝（绳子或竹竿），每隔 8～10 米加木桩固定，使铁丝距地面 70 厘米左右。

门茄及时采收。能作为商品上市的果就摘，越早越好。门茄采收后，及时去掉门茄下部老叶，通风透光。对茄采收后，进入四门斗膨大期，此时正值秋季旺盛生长期，应加强水肥供应，每 667 米^2 施尿素 10 千克或硫酸铵 20 千克，每 10 天 1 次，促进植株和果实生长发育，防止早衰，延长采收期，增加后期产量和经济效益。进入炎热多雨季节后，高温高湿气候有利于各种病害、虫害的发生，重点要预防茄子绵疫病，必须坚持定期喷药预防。

27. 如何防治茄子雨季烂果?

每年的降雨集中期,茄子易发生绵疫病、褐纹病、炭疽病,轻者烂果,重者死秧。为此,强化雨季防病保果措施,是夺取夏播茄子高产的重要环节。

(1)**加强肥水管理** 门茄瞪眼后,重施2～3次保果壮秧肥,提高植株抗病能力。结合施肥进行培土,以利排水防涝。下雨后,尤其是雨后骤晴要及时顺沟浇井水,并及时排走,以降低地温,减少发病,也就是常说的"涝浇园"。

(2)**消灭病源** 及时摘除基部黄叶、老叶及病叶、病果,并带出田外深埋或烧毁。垄间铺盖麦秸、黑膜,防止雨溅传病。

(3)**肥药预防** 雨季来临前,叶、果表面喷施禾欣液肥和0.3%琥胶肥酸铜杀菌剂,或0.1%硫酸锌、0.2%磷酸二氢钾、0.4%尿素、0.1%红糖和0.3%琥胶肥酸铜杀菌剂混合液,可预防果实染病。

(4)**药剂防治** 雨后或浇水后喷药防病,发现病株及时喷药。用75%百菌清500～800倍液,或64%噁霜·锰锌可湿性粉剂400～500倍液,或25%嘧菌酯悬浮剂800～1000倍液,以上药剂每隔10天左右喷1次,连喷3～4次,重点喷果实。

八、茄子病虫害防治技术

1. 危害茄子的虫害主要有哪些？为什么说综合防治是茄子病虫害防治的根本？

危害茄子的害虫分为地上害虫和地下害虫。地上害虫主要有蚜虫、白粉虱、斑潜蝇、红蜘蛛、茶黄螨、棉铃虫、茄子二十八星瓢虫等。地下害虫主要有地老虎、蝼蛄和蛴螬等，地老虎又分为小地老虎、大地老虎和黄地老虎，蝼蛄又分为非洲蝼蛄和华北蝼蛄。

在不同的栽培条件及栽培茬口，各种害虫的发生及危害程度会有所不同。一般冬春季在温室和大棚中栽培，白粉虱、蚜虫和斑潜蝇等危害较重；在春茬露地栽培中，蚜虫、红蜘蛛、棉铃虫及蛴螬、蝼蛄、小地老虎等危害较重。因此，在不同的条件及茬口的栽培中，应采用相应的防治措施对危害茄子的主要害虫进行防治，而且要早发现早防治，以减少虫害，确保增产增收。

综合防治是指从生态系统的整体性出发，应用生物、化学、物理等技术，将有害生物控制在允许范围以内的防治措施。近年来，由于蔬菜生产过程中病虫害种类多、危害大，菜农防治病虫害大多以喷施化学农药为主，而且农药使用的数量越来越多，剂量越来越高，导致蔬菜农药残留量重，生产成本增加，经济效益大幅降低。综合防治是从农业防治、生物防治、物理防治、化学防治等方面进行综合考虑，以农业防治为主、药剂防治为辅，减少药剂投资，降低生产成本，生产无公害的绿色产品，对人们的身体健康具有重要意义。尤其对于温室大棚茄子病虫害来说，采取综合防治措施是行之有效的。

综合防治的措施主要有：一是选择抗病性和抗逆性强，产量高的优良品种。二是播种前对种子进行消毒，对床土进行药剂处理。三是培育适龄壮苗。四是实行4～5年以上轮作，或水旱轮作。五是嫁接育苗，利用野生茄子的抗病性、抗逆性特点，通过嫁接提高产量和抗性。六是棚室前茬蔬菜收获后，及时清理、耕耙，浇水，进行高温闷棚消毒；定植前，对大棚、温室及其骨架进行熏烟消毒。七是推行测土配方施肥。八是按照茄子的生物学特性进行环境调控，特别要加强放风降低湿度，冬季低温期膜下暗灌，有条件的采取滴灌、渗灌。九是强化植株调整，及时去掉下部老叶、黄叶、病叶，剪去徒长枝条，保证田间通风、透光。十是做好病虫害预测预防工作，发现中心病株要及时用药剂防治，以防蔓延。

2. 如何正确使用农药来防治病虫害？

(1)要认准病虫害的种类，有针对性地使用农药 由生物因素引起的危害需要用药，而一些生理病害一般无须使用化学农药。不同的病虫需要不同的药剂来防治，每种农药都有一定的防治范围和防治对象。在使用前要了解每种农药的性能和使用方法，根据病虫发生的特点和对象正确选药，做到有的放矢，避免滥用农药，实现无公害生产。

(2)掌握适宜的用药时间 一种病虫害的发生，由轻到重都有一个过程，受害的程度也有一个由量变到质变的过程，即有一个最佳防治时期。有些病害当它发展到一定程度，就是用再好的药也难以控制，特别是一些流行性病害和爆发性害虫。为此，要加强监测预报，根据历年的发生规律和特点，提前用药预防，或在发病初期及时防治。

(3)按要求严格掌握农药的施用剂量和方法 任何一种药都有一个最适使用量，用多了不仅造成浪费，而且往往会引起药害，

加大对蔬菜和环境的污染；用少了不仅防治效果不好，有时还会诱导出病菌和害虫的抗药性，加重病虫害的发生。农药的使用剂量和浓度，与植物不同生长阶段、农药剂型、喷洒速度、外界环境条件等有关系。

在蔬菜上常用的杀虫剂和杀菌剂的剂型主要有8种，分别是乳油(EC)、悬浮剂(SC)、可湿性粉剂(WP)、可溶性粉剂(SPX)、可溶性水剂(SL)、粉尘剂(bpC)、烟剂(FU)。

(4)喷洒要做到细致均匀　有一些农民为了提高劳动效率，常采用高浓度、快速度、或将喷雾器旋水片上的孔扩大的方法施药，这样药剂不但不能很好地黏着在蔬菜的表面，不能起到良好的保护作用，而且使一部分药剂落到了地上。相反，喷雾器上使用小孔旋水片来增加雾滴的细度，则是一个可取的办法。喷药要做到正反两面都喷到，且能看到叶面有水滴流下时为宜。

(5)合理混用农药，轮换用药　所谓混用农药是指在施药时将2种以上农药按各自的浓度加在一起使用，以期达到事半功倍的效果。科学合理复配农药，可提高防治效果，扩大防治对象，延缓病虫产生抗性，降低防治成本，充分发挥现有药剂的作用。实践证明，在一个地区长期连续使用单一品种农药，容易产生抗药性，轮换用药可依据不同类型、不同作用机制的农药合理交替使用，避免或延缓害虫抗药性的产生。

3. 购买农药应注意哪些问题？

农药是属于国家严格管理的特殊商品，必须到国家批准的农药经销单位购买，所出售的农药必须三证齐全(农业部农药检定所颁发的农药登记证、化工部颁发的准产证、企业质检部门签发的合格证)。购买时要注意以下几点。

第一，谨防购买假、劣农药。假农药是指以非农药冒充农药，或者以此种农药冒充他种农药，或者农药中所含有效成分的种类、名称与产品标签或者说明书上注明的有效成分的种类、名称不相符。劣质农药是指不符合农药产品质量标准，已失去使用效能，混有导致药害等有害成分的农药。

第二，注意产品登记证号。选购农药时，要查看标签上是否有农药登记证号、产品标准号及生产批准文号。

第三，注意产品的有效期。水剂、粉剂一般为 2 年，购买时要观看其标签或包装袋上标注的生产日期，如果没有生产日期请不要购买。若属过期农药应注意标签上是否标注有“过期”字样及含量。标签是否有涂改或覆盖现象，若有涂改或覆盖应慎重购买。

第四，不要购买以肥料或微肥登记的农药。

第五，从农药产品的外观判断优劣。粉剂、可湿性粉剂有受潮、结块现象，细度不一致，色泽不均匀等情况，说明质量有问题；乳油有分层、混浊、结晶析出，加水乳化后的乳状液不均匀或有浮油、沉油或沉淀物表明存在质量问题；胶悬剂摇动后如有结块现象，说明存在质量问题；熏蒸用的片剂如呈粉末状，表明已失效等。

第六，质量检验。如怀疑农药质量有问题，最准确、最可靠的方法是将该药样品送到有关单位，按照质量标准进行检验。

第七，索取发票。向农药经销商索取购药发票，万一出现问题有据可查，维护自己的正当权益。

4. 利用烟剂防治茄子保护地病虫害有何好处?

病害不仅影响茄子的生长速度更影响茄子的品质，茄子发病后大量喷施各种杀菌剂，严重影响了茄子的产量和品质。由于棚室内湿度高，光照弱，空气流通慢，植株比较脆弱，抗病虫害的能力降低；同时，高湿条件对各种病虫害的发生蔓延极为有利；再加上

连年重茬，病原菌基数逐年加大，都导致棚室茄子病虫害逐年加重。利用烟剂防治病虫害是棚室茄子病虫害防治的主要发展趋势。

其优点主要有以下几点。

(1)省工省力，对人体毒害轻 施用时只需将棚室密闭，把烟剂均匀分布在棚室内，点燃即可。每667米^{2}施用1次只需5～10分钟。而喷雾法需配制药液，并背负15千克左右的药桶，历时4～6小时。使用烟剂可提高工效30～40倍。烟剂点燃时，由内向外，使用者基本不受药害；而喷雾法容易使打药者吸入飘浮在空气中的药剂，并经呼吸道进入人体，从而危害健康。

(2)防治彻底，效果好 "烟剂"呈烟雾状弥漫在整个棚室中，不仅解决了茄子植株枝叶繁茂、叶面相互遮挡、药液难以均匀喷到叶片上的问题，还能杀灭棚室骨架、架材，甚至缝隙内的病原菌及虫、卵，可收到较为彻底的防治效果。

(3)使用安全，残留量低 据测定，使用烟剂时即使超出常规用量的2～4倍，一般也不会发生药害。

(4)产投比高 许多试验表明，与普通药剂相比，使用烟剂不仅防效好，而且产投比高。

5. 如何识别和防治苗期立枯病？

(1)症状 立枯病是茄子苗期常见的病害之一，幼苗从刚出土到移栽前都可受害，但以育苗的中后期发生较多，严重时可成片死苗。受害幼苗茎基部产生暗褐色的长圆形或椭圆形凹陷病斑。发病初期病苗白天出现萎蔫，晚上和清晨恢复正常。当病斑继续扩大绕茎1周时，幼苗茎基部收缩干枯，植株死亡。潮湿时茎基部出现淡褐色蛛丝状霉菌丝。立枯病病苗枯死后立而不倒，这是与猝倒病不同的重要特征。另外，立枯病病部菌丝不明显，而猝倒病幼苗倒伏后，病部菌丝茂密成层。

(2)防治方法 一是加强苗期管理，防止苗床内出现高温高湿状态。增施磷、钾肥，促进幼苗健壮生长，提高抗病能力。可以用0.1%～0.2%的磷酸二氢钾溶液进行叶面喷肥，也可以用8000～9000倍的植宝素溶液喷洒茄子幼苗。此外，遇到持续阴雨天气，苗床上要用日光灯照明来弥补光照不足，苗床不要积水，以免造成沤根，要及时通风排湿，并加强中耕。二是苗床床土消毒，每立方米苗床土加入100克68%精甲霜·锰锌可分散粒剂和2.5%咯菌腈悬浮剂100毫升拌在一起混匀过筛；用药土播种时，其中1/3作垫层，2/3作盖土。用50%多菌灵8～10克或65%代森锰锌＋40%五氯硝基苯等量混合剂5克，加10～15千克细土拌匀，可供1米^{2}苗床使用。三是药剂防治。发病初期可以喷洒75%百菌清可湿性粉剂600倍液，或25%甲霜灵可湿性粉剂800倍液，或20%甲基立枯灵乳油1200倍液，或36%甲基硫菌灵悬浮剂500倍液，或15%噁霉灵水剂400倍液，一般每7天喷1次，连续喷洒2～3次。当苗床发现立枯病和猝倒病同时发生时，可以喷洒72%霜霉威水剂800倍液加50%福美双可湿性粉剂800倍液。喷药时注意喷洒茎基部及其周围地面，7～8天喷1次，连喷2～3次。

6. 如何识别和防治苗期猝倒病?

(1)症状 猝倒病又叫卡脖子病、倒苗、小脚瘟、绵腐病，是茄子苗期主要病害之一。在幼苗出土后，真叶尚未展开前最容易发生，严重时幼苗成片倒伏死亡，使移栽秧苗不足，延误农时，影响生产。

猝倒病主要发生于幼苗1～2片真叶展开前的阶段。秧苗感染发病时，茎基部出现黄褐色病斑，病部组织腐烂干枯而凹陷，产生缢缩。水渍症状自下而上继续延展。子叶尚未凋萎，幼苗即倒

伏于地，然后萎蔫失水，进而干枯呈线状。随病情逐渐向外蔓延扩展，最后引起成片幼苗猝倒。在病情基数较高的地块，幼苗在出土前或刚刚抽出胚芽即受侵染，呈水渍状腐烂，引起烂种、烂芽。当苗床表土湿度大时，在病苗或床面上密生白色棉絮状菌丝。

(2)防治方法 一是选用抗病品种。如茄杂2号、茄杂6号、茄杂12号、农大601、辽茄4号等。二是采用无土育苗法。三是加强苗床管理。保持苗床干燥，适时放风，避免低温、高湿条件，不要在阴雨天浇水，浇水应选择晴天上午。四是加强苗期管理。出齐苗后注意适时通风，加强中耕松土，防止苗床湿度过大，保持育苗设备透光良好，增加光照促进秧苗健壮生长。发现病株及时拔除，集中烧毁，防止病害蔓延。苗期可喷施适量叶面肥，提高抗病力。清洁田园，切断越冬病残体组织，用无病土和腐熟的有机肥配制育苗营养土。严格控制化肥用量，避免烧苗。合理分苗、密植。控制湿度，浇水是关键。五是药剂处理苗床土，每平方米苗床用25%甲霜灵可湿性粉剂9克＋70%代森锰锌可湿性粉剂1克，或40%五氯硝基苯钠粉剂9克，或50%拌种双粉剂7克，将药加细干土4000～5000克混匀配制成药土。播种前，苗床底水渗下后，先取1/3药土撒在畦面上，播种后，再把其余的药土覆盖在种子上面，即上覆下垫。六是药剂防治。发病初期用75%百菌清可湿性粉剂800倍液，或50%多菌灵可湿性粉剂600倍液，或25%甲霜灵可湿性粉剂800倍液，或40%三乙膦酸铝可湿性粉剂200倍液，或70%代森锌500倍液进行喷洒，一般每7天1次，连续进行2～3次。

7. 如何识别和防治黄萎病?

(1)症状 茄子黄萎病又称凋萎病，俗称半边疯、黑心病等，是茄子的重要病害之一。苗期较少发病，一般在成株坐果后开始表现症状，从下而上或从一边向全株发展。发病初期叶片的叶缘及叶脉间变黄，以后发展到半叶或整个叶片变黄。早期病叶晴天高温时呈萎蔫状，早晚可恢复，以后叶片变黄褐色萎蔫下垂至脱落。茄子黄萎病为全株性病害，剖开植株的根、茎、分枝及叶柄可以看到维管束变褐色。缓慢发病而没有死亡的植株还能结果，但果实明显变小，质地变硬，剖开后可见果心呈黑褐色。湿度大时感病茎秆表面生有灰白色霉状物。

(2)防治方法 一是选用抗病品种，如茄杂2号、茄杂6号、茄杂12号、沈茄1号、齐茄1号、辽茄3号、辽茄4号等。二是合理轮作。与非茄科蔬菜间隔4年以上，有条件的间隔6年，或与葱蒜类蔬菜短期轮作，与水稻隔年轮作。三是嫁接防病。采用野生茄子作砧木与所选种的茄子品种作接穗嫁接，这是当前最有效的防治因重茬土壤带菌造成黄萎病的防治方法。嫁接方式有许多种，生产上常用靠接、插接、劈接等方式，茄子嫁接常用劈接法。四是高温闷棚。五是加强管理。采用营养钵育苗、营养土消毒，培育壮苗，适时定植。移植起苗时多带土，防止伤根。适当增施有机肥、生物菌肥和磷、钾肥。降低湿度，增强田间通风透光，收获后及时清除病残体，并进行土壤消毒。六是药剂防治。种子包衣防病，即选用2.5%咯菌腈悬浮液种衣剂10毫升加35%精甲霜灵乳化种衣剂2毫升，对水150～200毫升，可包衣4千克种子。定植时用生物农药处理，即撒药土用10亿活孢子/克枯草芽孢杆菌按1：50的药土比混合，每穴撒50克，有较好的防病效果。灌根，定植时可选用枯草芽孢杆菌可湿性粉剂1000倍液每株用250毫升灌穴，如果在门茄瞪眼期再灌1次效果会更好；有机质含量高的地块防效好于化肥使用多的地块。发病初期用50%多菌灵可湿性粉剂350倍液，或枯草芽孢杆菌可湿性粉剂1000倍液，或50%多菌灵可湿性粉剂500倍液，或80%百菌清可湿性粉剂800倍液，或80%代森锰锌可湿性粉剂600倍液，灌根，每株灌药液250毫升，7

天左右灌1次，连灌2～3次。为增强防治效果，也可以在发现零星病株进行灌根的同时，用上述药液做全面喷淋，让药液顺主茎流下进入土中。

8. 如何识别和防治绵疫病？

(1)症状 茄子绵疫病又称疫病，菜农又叫“掉蛋”、“烂茄子”，是危害茄子的三大病害之一。在茄子各生育期都可危害，但主要危害果实，尤以下部近地面成熟果受害居多，严重影响产量和收益，损失率可达20%～60%。果实受害初期出现水渍状圆斑，病斑向四周扩大没有明显的边缘，略凹陷，果肉变黑褐色腐烂，有臭味，湿度大时，病部表面长出茂密的白色毛状霉层。通常圆茄病果易与花萼分离脱落，长茄病果较少脱落，除非果实受害面积较大。茎部受害初期呈水渍状，后来变暗绿色或紫褐色，病部缢缩，上部枝叶萎垂，潮湿时病部生有稀疏的白霉。叶片受害呈不规则或近圆形水渍状大病斑，病斑褐色至红褐色，有明显的轮纹，扩展很快，湿度大时病斑边缘不清，生有稀疏白霉。

(2)防治方法 一是选用抗病品种，如茄杂2号、茄杂6号、茄杂12号、辽茄2号、辽茄4号等。二是实行3～5年轮作。选择高低适中、排水方便的肥沃地块，秋冬深翻，施足优质腐熟的有机肥，增施磷、钾肥。三是加强栽培管理。采用高垄或半高垄种植，避免积水，或高畦地膜覆盖大小行栽培，有条件的地区建议使用膜下暗灌或滴灌。棚室湿度不宜过大，发现中心病株及时拔除并深埋。把握好棚室内的温度、湿度，注意通风，不能长时间闷棚。四是合理整枝。根据品种特性，合理整枝，及时摘除下部老叶、病叶，有利于通风降温降湿。五是夏天暴雨过后，要用井水浇1次，并及时排走以降低地温，防止潮热气体熏蒸果实造成烂果。这就是人们常说的“涝浇园”。六是药剂防治。挂果后喷施1∶1∶200波尔多液保护果实，出现病株或病果后喷施58%甲霜·锰锌可湿性粉剂500倍液，或20%乙铝·锰锌可湿性粉剂500倍液，或64%噁霜·锰锌可湿性粉剂500倍液，或75%百菌清可湿性粉剂600倍液，或25%双炔酰菌胺悬浮剂1000倍液，或25%嘧菌酯悬浮剂1500倍液，或72.2%霜霉威水剂800倍液喷施。但应注意药剂的交替使用，以避免产生抗药性。

9. 如何识别和防治褐纹病？

(1)症状 茄子褐纹病主要侵染子叶、叶、茎和果实，苗期到成株期均可发病。幼苗受害时，茎基部出现近乎缩颈状的水渍状病斑，而后变黑凹陷，致使幼苗折倒。生产中常把苗期的此病叫做立枯病。茄子褐纹病以果实上的病斑最容易识别，起初病果呈圆形或椭圆形稍有凹陷，病斑不断扩大，排列成轮纹状，可达整个果实，后期病部逐渐由浅褐色变为黑褐色，下陷，斑缘凸出清晰可见，病斑凹陷并生出麻点状黑色轮纹病果落地软腐，或留在枝干上，呈干腐浆果状。成株病叶受害呈水渍状小圆斑，斑中心色淡，病斑发展变大，上生出许多小黑点，呈同心轮纹状。病斑易破碎穿孔，茎部病斑呈菱形，边缘深紫褐色，最后凹陷稍干腐，皮层脱落，严重时茎近地部凹陷变细而折断，整株死亡。

(2)防治方法 一是选用抗病品种。如茄杂1号、茄杂2号、茄杂6号、茄杂12号、农大601、紫月长茄、辽茄4号、黑茄王、布里塔等。二是轮作倒茬和苗床土消毒可减少侵染源。实行2～3年以上轮作，苗床消毒，播种时每平方米苗床用20克10%苯醚甲环唑水分散粒剂混10千克床土，或40克50%多菌灵可湿性粉剂拌10千克床土配成药土，下铺上盖播种，有较好的防效。三是种子处理。种子包衣防病，选用2.5%咯菌腈悬浮种衣剂10毫升加35%精甲霜灵乳化种衣剂2毫升，对水150～200毫升可包衣4千

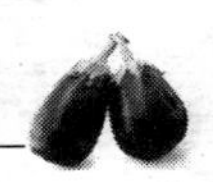

克种子；温汤浸种，用 55℃～60℃温水浸种 15 分钟，或用 75%百菌清可湿性粉剂 500 倍液浸种 30 分钟，用清水冲洗干净，催芽。四是加强管理。开沟施肥，增施有机肥及磷、钾肥，促使茄子早长、早发，及时锄划、整枝打杈，把茄子的采收盛期提前到病害流行之前，可有效防治此病。结果期防止大水漫灌，增加通风透光，加强田间管理，注意放湿气，避免叶片结露和吐水珠。地膜覆盖或滴灌可以降低湿度减少发病机会。农事操作应选在晴天进行，避免阴天整枝、绑蔓、采收等。五是药剂防治。发病初打药防治，用 75%百菌清可湿性粉剂 600 倍液，或 10%苯醚甲环唑水分散粒剂 1500 倍液，或 80%代森锰锌可湿性粉剂 600 倍液，或 25%吡唑醚菌酯乳油 1500 倍液，或 6%氯苯嘧啶醇可湿性粉剂 1500 倍液喷雾，7～10天 1 次，连喷 3～4 次。

10. 如何识别和防治灰霉病？

(1)症状 茄子苗期、成株期均可发生灰霉病。幼苗染病，子叶先端枯死，其后扩展到幼茎，幼茎缢缩变细，常自病部折断枯死；真叶染病后出现半圆至近圆形淡褐色轮纹斑，后期叶片或茎部均可长出灰霉，致病部腐烂；成株染病，叶缘处先形成水渍状大斑，后变褐，形成椭圆或近圆形浅黄色轮纹斑，直径 5～10 毫米，密布灰色霉层，严重的大斑连片，致使整叶干枯；茎秆、叶柄染病也可产生褐色病斑，湿度大时长出灰霉；果实染病，幼果果蒂周围局部先产生水渍状褐色病斑，扩大后呈暗褐色，凹陷腐烂，表面产生不规则轮状灰色霉状物，失去食用价值。

(2)防治方法 一是保护地生态防治。尽量采用高畦覆膜栽培和滴灌栽培，生长前期及发病后，适当控制浇水，提高棚室内温度到 33℃可抑制病菌产生孢子，降低湿度，减少棚顶及叶面结露和叶缘吐水。二是加强棚室管理。苗期和果实膨大前一周及时摘

除病叶、花叶、病瓜及黄叶，保持棚室干净，加强通风透光。三是药剂防治。保护地发病初期采用烟雾剂和粉尘剂进行防治，烟雾剂可用10%腐霉利烟剂每667米^{2}每次200～250克，或45%百菌清烟剂每667米^{2}每次250克，熏3～4小时；粉尘法于傍晚喷洒5%百菌清粉尘剂，每667米^{2}每次1千克，隔10天左右1次，连续与其他防治方法交替使用2～3次。发病初期喷洒50%腐霉利可湿性粉剂1500～2000倍液，或50%乙烯菌核利可湿性粉剂1000倍液，或40%硫磺·多菌灵悬浮剂500倍液，或36%甲基硫菌灵悬浮剂500倍液。茄子蘸花时，也可在生长刺激素中加入0.1%的50%腐霉利可湿性粉剂，或50%异菌脲可湿性粉剂，或50%乙烯菌核利可湿性粉剂，或50%多菌灵可湿性粉剂。

11. 如何识别和防治病毒病?

(1)症状 茄子病毒病常见的有3种症状。花叶型：整株发病，叶片黄绿相间，形成斑驳花叶，老叶产生圆形或不规则形暗绿色斑纹，心叶稍显黄色；坏死斑点型：病株上位叶片出现局部侵染性紫褐色坏死斑，大小为0.5～1毫米，有时呈轮点状坏死，叶面皱缩，呈高低不平萎缩状；大型轮点型：叶片产生由黄色小点组成的轮状斑点，有时轮点也坏死。

(2)防治方法 一是选用耐病毒的茄子品种，或选无病株留种。二是用10%磷酸三钠浸种20～30分钟。三是早期防蚜避蚜，减少传毒介体。塑料大棚悬挂银灰膜条，或畦面铺盖灰色尼龙纱避蚜。四是及时防治截形叶螨。五是加强肥水管理，铲除田间杂草，提高寄主抗病力。六是喷洒20%吗胍·乙酸铜可湿性粉剂500倍液，或10%混合脂肪酸水剂100倍液，或0.5%菇类蛋白多糖水剂300倍液，隔10天左右喷1次，连续防治2～3次。

12. 如何识别和防治根结线虫病?

(1)症状 幼苗染病,初期根上形成小米状根瘤,以后根瘤增多、增大,植株生长缓慢,黄弱;成株期地上部生长不良、矮小、黄化,萎蔫或早枯,似缺肥水,枯萎病症状,果实小而少,多畸形果。病轻时地上部不显症,但影响产量,地下部可见大小不等的瘤状物。所以,当地上部出现以上症状时,应想到根结线虫病危害的可能,此时要挖出植株根部进行检查,以确诊病情。根结线虫病的发生规律是:秋季重于春季,大棚重于露地,温室重于大棚。由于线虫虫体微小且在地下部危害,往往被误认为营养病害。目前此病仍呈蔓延趋势,应引起广泛的关注。

(2)防治方法 一是培育无病壮苗。不在发生过根结线虫病的地块播种,营养土应选用肥沃的大田土配制,培育优质壮苗,严禁定植病苗。二是高温闷棚消毒。当前茬作物拉秧后,不急于撤棚膜,清洁地面,每 667 米^2 撒施 100～150 千克生石灰粉,然后深翻土壤,拣净根茬烧毁,做成畦,浇透水,地面覆薄膜,四周压严,将棚密闭 10～15 天,使膜下土温达 50℃～60℃,此法可有效杀灭土壤中的根结线虫虫卵和幼虫,同时,对其他土壤病菌、害虫还有一定的消灭作用。三是加强栽培管理。基肥应选用充分腐熟的鸡粪,因鸡粪对线虫有一定的抑制作用。保证良好的水肥条件,增强植株抗病力。及时清除杂草,减少线虫繁殖。收获后及时清除植株残体,杜绝病虫源。四是药剂防治。定植前施线净(有效成分:硫逐磷酸酯类和氨基甲酸酯)3～5 千克,按用量均匀扬撒,翻入 20 厘米土层内。一旦发生该病可用辛硫磷+菌线净,辛硫磷 1000 倍液和菌线净 3500～7000 倍液,对好后,每株灌药 0.2～0.25 升。

13. 如何识别和防治茄子根腐病?

(1)**症状** 茄子根腐病多在定植后开始发生。病菌初期侵染茄子主根或茎基部,水渍状斑,然后病斑转为褐色,后又变为暗褐色。前期植株地上部分看不到异常表现,随茎或根部病斑不断扩大,特别是当茎基部病斑绕茎一周,或病部的组织溃烂露出木质部时,植株地上部才表现症状。这时植株往往中午叶片萎蔫,早晚恢复正常。继续发展,木质部变褐色,茎基和主根表皮呈褐色腐烂,侧根减少。后期叶片发病加重,叶缘枯焦,叶片全天萎蔫,最后黄枯死亡。病株基部常附有粉红色霉层。

(2)**防治方法** 一是合理轮作。与十字花科作物轮作 5 年,与大田作物轮作 3 年,与水田或水生蔬菜轮作 1 年以上的,可有效防治茄子根腐病。二是培育无病壮苗。育苗时尽量使用新苗床,或使用无病大田土,采用营养钵育苗,或采用基质穴盘育苗。三是合理施肥。要施用充分腐熟的有机肥作基肥,增施磷、钾肥。四是加强田间管理。防止大水漫灌及雨后田间积水,苗期发病时要及时松土,下雨前要疏通好排水系统,下雨及灌溉后要实施松土除草,增强土壤的通透性,降低土壤的湿度。农事活动时,要避免伤着根和茎,及时防治地下害虫,减少伤口,防止病菌侵染。清洁田园,及时清除病残体。发现已枯死的病株应及时拔除,并及时清出田外集中深埋及销毁。五是药剂防治。苗床消毒可使用 95%噁霜灵晶体,每平方米 1 克加细土 500 克拌匀后施入田内。定植后发病,可在发病初期使用 95%噁霉灵可湿性粉剂 1000 倍液,或 70%甲基硫菌灵可湿性粉剂 700 倍液,或 50%多菌灵可湿性粉剂 500 倍液喷淋茎基部或浇灌,或配成药土撒在茎基部。

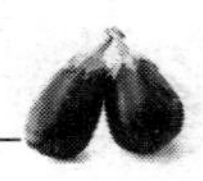

14. 如何识别和防治斑枯病?

(1)症状 茄子斑枯病也称茄子斑点病。主要危害叶片,初发病时叶片出现小圆斑,随后扩展为圆形或近圆形较大病斑,边缘深褐色,中间灰白色、稍凹陷,病斑大小 2～4 毫米,后期在病斑上散生许多小黑点,即病菌分生孢子器。严重时果实上也出现同样病斑,保护地茄子发病较重,果实受害造成品质严重下降,损失较大。

(2)防治方法 一是农业措施。选用肥沃、无病的田园土、新土育苗,最好用基质穴盘育苗。与非茄科蔬菜实行 2～3 年轮作。二是种子处理。用 55℃温水浸种,取出晾干催芽播种。三是选用抗病品种。四是加强栽培管理,合理施肥,增施磷、钾肥,使用充分腐熟的肥料,高垄栽培,适当密植,注意田间排水降湿,有条件的可选用滴灌。五是药剂防治。发病初期喷洒 64%噁霜·锰锌可湿性粉剂 400 倍液,或 58%甲霜·锰锌可湿性粉剂 500 倍液,或 80%代森锰锌可湿性粉剂 800 倍液,或 75%百菌清可湿性粉剂 600 倍液。

15. 如何识别和防治叶霉病?

(1)症状 茄子叶霉病主要危害叶片。由中、下部逐渐向上蔓延,严重时也危害叶柄和嫩茎。叶片发病,叶片正面出现圆形或不规则形淡黄色褪绿斑点和斑块;叶背面病部生出霉层,初为白色,后渐变为紫色、灰色或灰褐色,霉层明显。环境条件合适时,叶片正面的病斑上也可长出霉层。

(2)防治方法 一是选用抗病品种。二是合理轮作,避免重茬。发病重的地区,应施行 2～3 年以上轮作,以减少初侵染源。三是种子消毒。种子播种前应先在阳光下晒 2～3 天,然后用

55℃温水浸种，或用1%高锰酸钾800倍液浸种30分钟，捞出洗净后催芽。四是加强栽培管理，采用生态防控。保护地栽培茄子，应加强温湿度管理，适时通风，适当控制浇水并及时排湿。及时发现中心病株，并摘除病叶，带出田外销毁。合理整枝打杈，增加透光性，增施钾肥、硼肥和钙肥，少施用氮肥，提高植株抗病能力。五是棚室消毒处理。保护地定植前，每667米^{2}用生石灰75～80千克撒施地面，然后深翻2遍，利用石灰杀菌，也可起到补钙作用，或用硫磺粉熏蒸棚室，每667米^{2}可用350克硫磺粉加600克干锯末混均匀后，用煤球点燃密闭熏蒸1夜，效果明显。六是药剂防治。在发病前或发病初期用47%春雷·王铜可湿性粉剂800倍液，或65%乙霉威可湿性粉剂1000倍液，或50%多菌灵可湿性粉剂1000倍液进行预防和控制，或在夜间用45%百菌清烟剂每667米^{2}用250～300克熏烟，效果显著。

16. 如何识别和防治茎基腐病?

(1)症状　茄子茎基腐病近年来发生较多，危害较为严重。土壤积水、栽种早、温度过高、密度大、管理不当、基肥不足等都有利于病害的发生与蔓延，尤其是保护地栽培，一旦发病，会造成茄子整株死亡。

茄子茎基腐病从定植到收获均可发生，主要危害植株茎基部或地下主、侧根。初发病外部无明显变化，后病斑呈暗褐色，绕茎基扩展，致使皮层腐烂。地上部叶片变黄，植株最初叶片从下向上逐渐萎蔫，似缺水状，数日后叶片由下向上逐渐发黄，全株叶片萎蔫，叶片灰绿，不能恢复常态，果实膨大后，因养分供应受阻逐渐萎蔫枯死，叶片多残留在枝上不脱落，后期病部表面常形成黑褐色大小不一的菌核。

(2)防治方法　一是苗床消毒。选择连续多年未种过茄果类

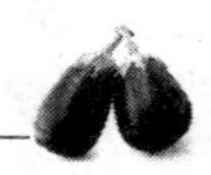

蔬菜的肥沃田园土或基质做床土育苗，添加充分腐熟、过筛的有机肥。用66.5%霜霉威水剂拌药土消毒，每立方米床土用药80克，或每4～5千克细土加入药剂10克。播种时，1/3撒在苗床上，2/3播后盖在种子上面。二是棚室消毒。硫磺熏蒸，每667米^{2}用硫磺3千克加木屑6千克，分堆点燃，熏蒸1夜，然后打开棚膜放风3～5天。或播前2～3周，用40%甲醛150倍液浇床土，然后用薄膜覆盖4～5天，耙松床土，然后播种。三是培育壮苗。选择地势高燥、平坦地块育苗，加强苗床管理，注意提高地温，科学放风，防止苗床或苗盘出现高温高湿环境。育苗时，播种密度不可过大，夏季育苗要及时分苗，防止幼苗徒长，培育壮苗。四是高温闷棚。合理规划种植茬口，一般在下茬作物定植前1个月及时拉秧，清理残枝败叶，深耕、浇水，然后将棚室扣严，进行高温闷棚，一般晴好天气15～20天即可。五是科学管理。采用配方施肥技术，减少化肥使用量；及时整枝打杈，增加田间通风透光；浇透定植水，缓苗后，适当控制浇水和追肥，坐果后适当增加肥水，防止忽干忽湿，忌大水漫灌，保持植株表面的土壤疏松。高温有利于此病的发生蔓延，要控制温度尽量不要超过30℃，以防加重病情。六是药剂防治。茎基腐病一旦表现症状，就很难治愈，所以应以预防为主，可选用40%三乙膦酸铝可湿性粉剂200～300倍液，或70%乙铝·锰锌可湿性粉剂500倍液，或72%霜霉威水剂800倍液，或64%噁霜·锰锌可湿性粉剂500倍液喷雾、灌根或涂抹病部，控制病情发展。

17. 如何识别和防治茄子青枯病？

(1)症状　发病初期仅是茄秧个别枝上一片或几片叶上颜色变淡，呈现萎垂，以后由病叶发展到整个植株，严重的病叶变褐色而枯焦。发病植株茎部没有明显变化，如果剖开茎木质部可以发

现已经变成褐色。青枯病首先发生在茄子茎基部，然后延伸到枝条，枝条的髓部大多溃烂或中空，如果将病株茎基切面用手挤压，湿度大时有少量乳白色黏液溢出，这是茄子青枯病的主要特征。

（2）防治方法 一是生态防治。与十字花科或禾本科作物进行4年以上轮作，最好进行稻茄轮作。结合整地，每667米^{2}施消石灰100～150千克。田间发现病株要及时拔掉并要深埋或焚烧，在病穴里撒少量的石灰防止病菌扩散。二是药剂防治。发病初期，用72%硫酸链霉素可溶性粉剂4000倍液，或50%琥胶肥酸铜可湿性粉剂500倍液，或14%络氨铜水剂300倍液，每株灌配制好的药液0.3～0.5升，每隔10天灌1次，连续灌根3～4次。

18. 如何识别和防治茄子白粉病？

（1）症状 主要危害叶片，在叶面上生成形状不规则和大小不等的白粉状霉斑。扩大后可遍及整个叶片，叶组织变黄，而后干枯。

（2）防治方法 防治时除合理用肥、避免密植、改善通风条件外，发病期间应及时喷洒75%百菌清可湿性粉剂500～600倍液，或25%三唑酮可湿性粉剂2000倍液，或50%甲基硫菌灵可湿性粉剂1000倍液，或50%多菌灵可湿性粉剂300～600倍液，每隔10天左右喷1次，共喷2～3次。

19. 保护地育苗如何防治鼠害？

在温室、温床和冷床内进行冬春育苗时，常常发现老鼠吃种子、咬幼苗的现象，危害十分严重。其原因是露地的粮食和蔬菜已经收获干净，老鼠已无处找到粮食和蔬菜充饥，很容易钻进温室及苗床里，咬菜苗，吃刚播种的菜子。时间都是在晚上无人时。因

此,要采取有效措施加以防治。在播种育苗时,用磷化锌或其他鼠药配制成毒饵,放在老鼠经常出入的地方或放在苗床上,老鼠吃后便被毒死,这种方法是可行的。但是往往由于投放的药量较小,加之放在地上易潮湿,其效果也不十分理想。最有效的方法是把玉米面炒熟,与等量的500号水泥搅拌在一起,毫不影响炒面的香味,将它放在苗床或老鼠经常出入的地方,老鼠吃后,水泥在胃肠里凝结成块,使其再也不能吃东西了,慢慢自己就死掉了。这种方法不仅灭鼠效果好,而且对人、畜毫无害处。

20. 如何防治地下害虫?

地下害虫咬食茄子幼芽、根茎,造成缺苗短垄,导致茄子减产。常见的危害茄子的地下害虫主要有蛴螬、蝼蛄、地老虎,这些害虫危害作物症状不同,应进行诊断、鉴别并进行防治。

蛴螬,金龟子的幼虫,取食作物的幼根、茎的地下部分,常将根部咬伤或咬断,危害特点是断口比较整齐,使幼苗枯萎死亡,使用未腐熟有机肥的发生较重。蝼蛄,在地下咬食刚播下的种子或发芽的种子,并取食嫩茎、根,危害特点是咬成乱麻状,同时蝼蛄在地表层活动,形成隧道,使幼苗根与土壤分离,造成幼苗凋枯死亡,地老虎,幼虫食性很杂,危害大豆、玉米、蔬菜等多种作物,白天潜伏土中,夜晚出土危害,危害特点是将茎基部咬断,常造成作物严重缺苗断垄,甚至毁种。

防治方法:一是毒饵诱杀。用40%乐果乳油或80%敌百虫可湿性粉剂50克,与炒香豆饼5千克,对水适量配成毒饵,傍晚撒施。二是灌根。发现幼虫危害后,用90%敌百虫1000倍液或75%辛硫磷1000～1500倍液灌根,每穴100克。三是诱集灭虫。利用蝼蛄的趋光性,可用灯光诱杀;在地上挖30～40厘米深方坑,坑内堆入少许新鲜马粪,按马粪量的1/10拌入2.5%敌百虫粉进行诱杀。

21. 如何识别和防治蚜虫?

(1)危害特征 蚜虫又叫蜜虫、油虫、腻虫、蚁虫、油汗等,是茄子生长中发生最普遍、危害最重的一种害虫,也是最难防治的害虫之一。蚜虫一般聚集在叶片背面、嫩叶和嫩尖上吸食汁液,分泌蜜露,茄子植株被蚜虫危害后,叶片上卷,植株萎蔫甚至枯死,同时还能传播病毒,给生产造成严重损失。

(2)防治方法 生产中多采用综合防治措施,具体方法如下:一是清洁田园,及时清除棚室周围的杂草,田间的残枝败叶及杂草,深埋或烧掉。二是培育无蚜虫壮苗。育苗期间采取各种防护措施,如覆盖防虫网等避免受到蚜虫危害。三是棚室定植前要进行消毒,每667米^{2}用10%杀蚜虫烟剂300～350克,或22%灭蚜灵烟剂500克,在傍晚时密闭棚膜,进行熏蒸,杀死棚内的残留蚜虫,然后定植。四是采用驱避蚜虫法。利用银灰色地膜替代普通地膜,用银灰色遮阳网替代黑色遮阳网,或在棚室周围及田间张挂10厘米宽的银灰色塑料条带等驱避蚜虫,每667米^{2}用银灰色薄膜1.5千克左右。五是黄板诱杀蚜虫。就地取简易板材用黄漆刷板后再涂上机油并吊至棚中,30～50米^{2}挂一块诱蚜板,每隔7～10天重涂一次机油,黄板最好高出地面30～60厘米,这样就可以将蚜虫诱到黄板上被粘住,从而减少蚜虫数量。六是药剂熏烟。傍晚在棚室内,用花盆或其他容器,放锯末或秸秆、稻草等,洒上敌敌畏乳油,点燃后使烟雾扩散到棚室内的各个部位。每667米^{2}用80%敌敌畏0.25～0.4千克,放4～5处进行熏烟,用熏蚜颗粒剂效果也很好。七是药剂喷雾。建议在蚜虫发生初期开始防治,用25%噻虫嗪水分散颗粒剂3000～4000倍液,或2.5%高效氯氟氰菊酯水剂1500倍液,或10%吡虫啉可湿性粉剂1000倍液,

或5%抗蚜威2000～3000倍液，或50%马拉硫磷乳油1000～1500倍液，或20%氰戊菊酯乳油2000～3000倍液等喷雾。每隔7天喷1次，连续喷2～3次。在药液内加入0.1%的洗衣粉作展着剂效果会更好。

22. 如何识别和防治棉铃虫?

(1)危害特征 棉铃虫成虫体长15～17毫米，翅展30～38毫米；前翅青灰色、灰褐色或赤褐色，线、纹均黑褐色，不甚清晰；肾纹前方有黑褐纹；后翅灰白色，端区有一黑褐色宽带，其外缘有两个相连的白斑。幼虫体色变化较多，有绿、黄、淡红等，体表有褐色和灰色的尖刺；腹面有黑色或黑褐色小刺；蛹自绿变褐。卵呈半球形，顶部稍隆起，纵棱间或有分支。

棉铃虫食性较杂，以幼虫危害果实、花蕾、嫩茎、叶和芽。花蕾受害后，苞叶张开，变成黄绿色，2～3天后脱落，幼果被吃空或引起腐烂而脱落，造成茄子严重减产。

(2)防治方法 一是强化农业防治措施，压低越冬基数。二是利用高压汞灯及频振式杀虫灯诱蛾，或利用成虫对杨树叶挥发物具有趋性，在棉田摆放杨树枝诱蛾。每667米^{2}放6～8把杨树枝，日出前捉蛾捏死。三是药剂防治。防治茄子棉铃虫关键是要抓住孵化盛期至二龄盛期，即幼虫尚未蛀入果内的时期进行喷药，把棉铃虫消灭在孵化和二龄盛期。可选用20%灭杀毙6000倍液，或2.5%高效氯氟氰菊酯乳油5000倍液，或2.5%联苯菊酯乳油3000倍液，或25%增效喹硫磷乳油1000倍液等。三龄后幼虫已蛀入果内，施药效果不大。在二代棉铃虫产卵高峰后3～4天及6～8天连续喷洒2次杀虫剂，可使幼虫大量染病死亡。

23. 如何识别和防治红蜘蛛？

(1)**危害特征** 红蜘蛛又叫火蜘蛛、火龙、红叶螨等，虫体为红色或橘红色，通常以成虫和若虫群集在植株下部的叶片背面刺吸汁液。被害叶片出现黄白色斑点，以后逐步向上和四周蔓延，严重时可造成全株叶片干枯、脱落，严重妨碍植株生长发育。此外，红蜘蛛还能传播病毒病，给生产造成严重损失。高温、低湿虫害发生严重，偏施氮肥、叶片较老，可使受害加重。

(2)**防治方法** 一是农业防治。及时清洁田园，铲除和清理栽培田周围杂草及枯枝烂叶，消灭部分虫源和早春寄主；田间定植后，注意增施磷、钾肥，避免偏施氮肥，增强植株抗性。二是药剂防治。红蜘蛛初发期，用20%哒螨灵乳油1500倍液，或70%联苯菊酯乳油3000倍液，喷雾。喷药时，要注意喷到叶片背面的虫体上。为防止产生抗药性，可选用多种药剂交替喷洒，提高防治效果。

24. 如何识别和防治茶黄螨？

(1)**危害特征** 茶黄螨体长仅0.2毫米，体色不同于一般蜘蛛，没有明显的红色，而是透明色，肉眼难以观察。茶黄螨有趋嫩性，成螨和幼螨集中在植株幼嫩的心叶、顶尖上，或嫩茎、嫩枝和幼果上。茶黄螨的卵和幼螨要求相对湿度在80%以上，因此，温室中北方伏天易发生茶黄螨危害。由于茶黄螨个体小，危害症状与病毒病和生理性病害易混淆，只有正确判断，才能对症下药。

(2)**防治方法** 茶黄螨生活周期短，繁殖力强，应注意早期防治。茶黄螨主要集中于幼嫩叶的背面，所以喷施杀螨剂时要上喷下翻，注重喷幼嫩部位，翻过喷头向上喷叶背。用药时，叶背面一

定要喷匀，可用20%哒螨灵乳油1500倍液，或70%联苯菊酯乳油3000倍液，40%炔螨特乳油2000倍液，或15%哒螨灵3000倍液喷施。

25. 如何识别和防治白粉虱？

(1)危害特征 温室白粉虱，俗称小白虫、小白蛾。白粉虱成虫和若虫对植株都有较大的危害。白粉虱通常集中栖息在嫩叶的背面，吸食汁液并产卵，致使叶片褪绿、变黄、萎蔫，植株生长发育不良，甚至全株枯死。此外，白粉虱分泌、排出的大量蜜露，堆积在叶片和果实，造成叶片和果实污染产生霉污病，影响叶片进行光合作用和正常的呼吸作用，同时，还会传播病毒病。白粉虱在北方冬季室外不能存活，主要在温室内越冬。

(2)防治方法 一是培育栽植无虫苗。二是棚室栽培定植前对棚室进行药剂消毒。三是白粉虱成虫有趋黄色的习性，可用黄板诱杀。四是人工繁殖释放丽蚜小蜂进行生物防治。防治适时为每株成虫平均为0.5～1头时，释放量为平均每株3～5头(黑蛹)。每隔10天左右放1次，共放蜂3～4次，寄生率可达75%以上。控制效果良好。五是棚室栽培设置防虫网，可有效阻止白粉虱的飞入。六是药剂熏烟。与熏杀蚜虫方法相同。七是喷药防治。可选用25%噻虫嗪水分散粒剂2000～2500倍液喷施或淋灌15天1次，或25%噻虫嗪水分散粒剂＋2.5%高效氯氟氰菊酯水剂1500倍液混用，或50%噻嗪酮可湿性粉剂800～1000倍液＋70%联苯菊酯乳油4000倍液混用，或10%吡虫啉可湿性粉剂1000倍液喷雾防治，隔7天喷1次，连续喷2～3次。上述药剂使用时加0.1%的洗衣粉可以大大地提高药剂防治的效果。

26. 如何识别和防治美洲斑潜蝇?

(1)危害特征 美洲斑潜蝇成虫小,体长1.3～2.3毫米,浅灰黑色,体腹面黄色,雌虫体比雄虫大。卵米色,半透明,大小(0.2～0.3)毫米×(0.10～0.15)毫米。幼虫蛆状,初无色,后变为浅橙黄色至橙黄色,长约3毫米。蛹椭圆形,橙黄色,腹面稍扁平,大小(1.7～2.3)毫米×(0.50～0.75)毫米。美洲斑潜蝇成、幼虫均可危害。雌成虫飞翔把植物叶片刺伤,进行取食和产卵,幼虫潜入叶片和叶柄危害,产生不规则蛇形白色虫道,叶绿素被破坏,影响光合作用,受害重的叶片脱落,造成花芽、果实被灼伤,严重的造成毁苗。

(2)防治方法 一是培育无虫壮苗。二是人工防治。在播种和整地时,深翻土壤,起垄开沟,将蛹埋入土壤下层,使其不能羽化出土,而达到杀蛹的作用。采取间作、轮作,适当稀植,增加田间通透性。发生较轻的地块采取人工摘除被害叶片,集中销毁深埋,及时除去田间杂草。三是黄板诱杀。成虫对黄色有较强趋性,可在黄板上涂凡士林和林丹粉的混合物,诱杀成虫。四是药剂防治。幼虫三龄前,每667米^{2}用48%毒死蜱乳油50毫升,加水20～50升喷雾。在危害期间,每667米^{2}用50%灭蝇胺可湿性粉剂7克,加水20～50升喷雾。或20%斑潜净乳剂1500倍液,或1.8%阿维菌素乳油2000～2500倍液,或40%阿维·敌敌畏乳油1000～1500倍液,采取喷雾防治。喷药时要力求均匀,使药剂充分渗透叶片,杀死幼虫。同时,要特别注意轮换、交替用药,以免害虫产生抗药性。要掌握早发现、早防治的原则,即在蔬菜苗期有少量叶片被害或虫情指数达10%就要防治,幼虫虫龄掌握在二龄前(虫道很小时),于上午8～11时露水干后、幼虫开始到叶面活动或者老熟幼虫多从虫道中钻出时开始用药,可有效控制其发生危害。

27. 如何识别和防治茄子二十八星瓢虫?

(1)危害特征 茄二十八星瓢虫又称酸浆瓢虫,俗称“花大姐”。成虫和幼虫舔食寄主叶片、果实和嫩茎叶片的叶肉,被食后残留脉网状表皮,形成许多不规则的透明凹纹,逐渐变成褐色斑痕,严重时导致叶片枯萎或整叶被食光。果实受害,被食部位变硬、变苦,失去商品价值。茄二十八星瓢虫适宜高温高湿,危害时期较长,成虫白天活动,有假死习性,雌虫产卵于叶片背面。初孵化的幼虫群集危害,随虫龄增大逐渐分散危害,至老熟幼虫在原处或枯叶中化蛹。

(2)防治方法 一是人工捕杀。利用成虫假死习性人工捕捉成虫,收集后消灭;产卵盛期采摘卵块销毁。二是药剂防治。在孵化或低龄幼虫时,可喷21%氰戊·马拉松乳油6000倍液,或50%敌百虫可溶性粉剂1000倍液,或80%敌敌畏乳油1000倍液,各种药剂交替使用,每隔7天喷1次,连喷2~3次。

九、茄子生长异常情况的识别与防治

1. 茄子育苗易出现的问题与防治方法是什么?

(1)**寒根** 根量少,根系浅,不萌发新根,整个根系呈黄褐色。根系吸收能力降低,植株萎蔫,甚至枯死。其根系颜色仍然是白色。

防治措施:寒根是由于苗床地温太低引起的,应加强管理,提高地温。

(2)**沤根** 主要在苗期发生,成株期也有发生。发病时根部不长新根,根皮呈褐锈色,水渍状腐烂,地上部萎蔫易拔起。发生原因是由于苗床土壤水分常处于接近饱和状态,湿度过大,通气状况差,光照不足,地温低,根系易沤烂,颜色变黄褐色。地上部停止生长,叶片变黄。

防治措施:提高地温,控制浇水量,浇水后加强中耕松土,既保墒又可疏松土壤,增温通透,发生后要及时通风排湿,中耕松土散湿。加强炼苗,注意通风,只要气候适宜,连阴天也要放风,培育壮苗,促进根系生长。

(3)**烧根** 由于苗床施肥过多,而且未腐熟,追肥量过大,使土壤溶液浓度过高造成烧根。表现为根系很弱,颜色变成黄褐色,地上部叶片变小、发皱,叶边缘变黄、干枯,植株矮小。

防治措施:苗床要合理施肥和追肥,腐熟后使用,发生烧根可适当多浇水,降低土壤溶液浓度,并要提高育苗床温度。

(4)**幼苗老化** 当幼苗生长发育受到过分抑制时,幼苗外观表

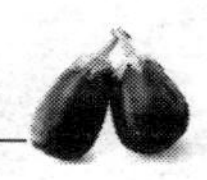

现为茎细而软，叶片小而黄，根少色暗，定植后不易发生新根，生长慢，生育期延迟、开花结果晚，结果期短，容易衰老。主要原因包括温度低、光照弱、水分缺乏等。

防治措施：首先要给幼苗以适宜的温度和水分条件，适当浇水和保温，促使秧苗正常生长。此外，还可对僵化苗喷10～30毫克/千克的赤霉素，每平方米用稀释的药液100克左右，喷后约经7天开始见效，有显著的刺激生长作用。

2. 茄子果实日灼和烧叶症状、产生的原因和防治方法是什么?

(1) 症状

①日灼：主要危害果实，果实向阳面出现褪色发白的病变，逐渐扩大，呈白色或浅褐色，导致皮层变薄，组织坏死，干后呈革质状，以后容易引起腐生真菌侵染，出现黑色霉层；湿度大时，常引起细菌侵染而发生果腐。

②烧叶：茄子育苗和大棚栽培有时发生烧叶，特别是上、中部叶片易发病。发生叶烧病轻则叶尖或叶边缘变白，重则整个叶片变白或枯焦。

(2) 产生原因

①日灼：茄子果实暴露在阳光下导致果实局部过热引起，早晨果实上出现大量露珠，太阳照射后，露珠聚光吸热，可致果皮细胞灼伤。拱棚茄子"五一"撤棚后，气温逐渐升高，火热的中午，土壤水分不足，或雨后骤晴都可能导致果面温度过高。生产上密度不够，栽植过稀或管理不当易发病。

②烧叶：主要是阳光过强或大棚放风不及时，造成大棚内光照过强、温度过高而形成的高温危害。棚内温度高，水分不足或土壤干燥会加重烧叶发生。

(3)防治方法 一是在拱棚后期生长中要适时补充土壤水分,使植株水分循环处于正常状态,防止株体温度升高而发生日灼和烧叶。二是合理密植,最好采用南北垄,使茎叶相互掩蔽,避免果实接受阳光直接照射,育苗畦或大拱棚内温度过高要及时放风降温。三是发生叶烧病时要加强肥水管理,以促茄株生长发育正常,必要时喷洒 0.0075%芸苔素内酯水剂 3 000 倍液,或 1.8%复硝酚钠水剂 2 000～2 500 倍液,隔 7 天喷 1 次,共喷 2～3 次。

3. 造成茄子肥害的原因有哪些?如何预防?

(1)肥害原因

①未腐熟的有机肥:将未腐熟的有机肥(如鸡粪干)掺入营养土中或施在土表,对幼苗会造成烧灼危害,秧苗根系呈褐色,不长新根,使根吸肥受阻,影响局部叶片或整个植株生长发育,因热性土壤酸碱不均,根系烧灼吸收困难而使茄子叶脉呈放射状黄化。

②追加肥料不当,氨害或二氧化氮气害:由于施用过量未腐熟的农家肥,或气温较高的季节施入过多的尿素、碳铵等易挥发的氮肥,造成氨气聚集;或氮肥施用时离根系近,根系周围土壤浓度大,茄子无法吸水而中毒。幼苗受害时,叶片四周由水浸状变黑色而枯死;成株受害时,叶边缘褪绿变白干枯,或全株突然萎蔫。施肥量过大,土壤由碱性变酸性情况下,硝酸化细菌活动受抑制,二氧化氮不能及时转换成硝态氮而产生危害。植株中、上部叶背面发生不规则水浸状淡色斑点或叶片上产生褐色小斑点,2～3 天后叶片干枯,严重时植株枯死。

③叶面肥喷施不当:由于人们对叶面肥的认识不够充分,认为多施叶面肥对作物有益无害。有些叶面肥中加入对作物起刺激速效作用的激素类物质,超量施用就会产生叶面肥害,使叶片僵化、

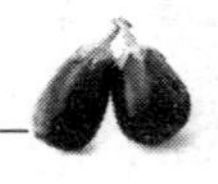

变脆、扭曲畸形，茎秆变粗，抑制生长，造成微肥中毒。

(2) 防治方法 一是施用充分腐熟有机肥。在施用有机肥之前，对有机肥应充分腐熟，需要在堆积过程中通过微生物的作用，腐熟分解成为作物可利用状态的养分和腐殖物质，这样的有机肥才适合施用。发现症状后立即用浇水的方法缓解，一般7～10天后可恢复正常生长。二是科学追加化肥。夏季或高温季节追施化肥时应尽量沟施，覆土，及时浇水，避开中午时间施肥；傍晚施肥及时浇水，加强通风。有条件的棚室提倡滴灌施肥浇水技术，可有效避免高温烧叶、肥水不均状况，从而减少肥害的发生。当发生氨害时，可在叶背面喷1%的食醋能明显减轻危害。三是严格喷施叶面肥。在喷施叶面肥时，应准确掌握剂量，做到合理施肥，配方施肥。

4. 茄子常见缺素症有哪些？如何防治？

(1)缺氮 叶片颜色变淡，老叶黄化，重时干枯脱落，花蕾停止发育变黄，心叶变小。主要原因是土壤氮素含量少；土壤含水量大，影响了有效氮的转化；氮肥施用不均等。

防治方法：避免积水，多施优质农家肥作基肥。缺氮肥及时补充硝铵、碳铵、尿素等速效氮肥。

(2)缺磷 茎秆细长，纤维发达，发芽分化和结果期延长，叶片变小，颜色变深，叶脉发红。主要原因是土壤酸性大，磷被铁、镁固定，无法吸收；地温低，土壤湿度大，氮肥施用过多阻碍了茄子对磷的吸收。

防治方法：施磷酸二铵和过磷酸钙等磷肥作基肥。栽培过程中发现缺磷，向叶面喷施0.2%的磷酸二氢钾或0.5%的过磷酸钙溶液。

(3)缺钾 初期心叶变小，生长慢，叶色变淡，后期叶脉间失

绿，出现黄白色斑块，叶尖叶缘渐干枯。主要原因是土壤含钾少，钾肥施量不足；地温低，光照不足，土壤湿度大阻碍了茄子对钾的吸收。

防治方法：多施有机肥作基肥，防止土壤积水，及时中耕提高地温；按时揭盖草苫；发现缺钾时直接向土中施硫酸钾、氯化钾、草木灰或用0.2%磷酸二氢钾溶液和10%草木灰浸出液进行叶面喷肥。

(4)缺钙 植株生长缓慢，生长点畸形，幼叶叶缘失绿，叶片的网状叶脉变褐，呈铁锈状叶。在连续多年种植蔬菜的土壤中栽培茄子易造成缺钙，或干旱阻碍了茄子对钙的吸收。

防治方法：按时浇水施肥。缺钙时，补施钙肥或用20%的氯化钙溶液叶面喷肥，每周1～2次。

(5)缺镁 叶脉附近，特别是主叶脉附近变黄，叶片失绿，果实变小，发育不良。主要原因是土壤含镁少或钙、钾、氮过多产生拮抗作用，阻碍了茄子对钙的吸收。

防治方法：增施有机肥和含镁的矿物质肥料，注意各种肥料的施用比例。栽培中发现缺镁时，可施钙镁磷肥或用20%的硫磷镁叶面喷施，每周1次。

(6)缺铁 幼叶和新叶呈黄白色，叶脉残留绿色。在土壤呈酸性、多肥、多湿的条件下常会发生缺铁症。

防治方法：在茄子生长期或发现植株缺铁时，用0.5%～1%硫酸亚铁溶液叶面喷施。

(7)缺硼 自顶叶黄化、凋萎，顶端茎及叶柄折断，内部变黑，茎上有木栓状龟裂。

防治方法：发现缺硼，及时用0.05%～0.1%红A硼溶液叶面喷施。

(8)缺锰 新叶叶脉间呈黄绿色，不久变褐色，叶脉仍为绿色。

预防及补救措施：在茄子生长期或发现植株缺锰，用1%硫酸

锰溶液叶面喷施。

(9)缺锌 叶小呈丛生状，新叶上发生黄斑，逐渐向叶缘发展，致全叶黄化。

防治方法：在茄子生长期或发现植株缺锌时，用0.1%硫酸锌溶液叶面喷施。

(10)缺钼 从果实膨大时开始，叶脉间发生黄斑，叶缘向内侧卷曲。

防治方法：在茄子生长期或发现植株缺钼时，用0.01%～0.1%钼酸铵溶液叶面喷施。

5. 茄子畸形花的症状、产生的原因和防治对策是什么？

(1)症状 正常的茄子花大而色深，花柱长，开花时雌蕊的柱头突出，高于雄蕊花药之上，柱头顶端边缘部位大，呈星状花，即长柱花。生产上有时遇到花朵小、颜色浅、花柱细、花柱短，开花时雌蕊柱头被雄蕊花药覆盖起来，形成短柱花或中柱花。当花柱太短，柱头低于花药开裂孔时，花粉则不易落到雌蕊柱头上，不易授粉，即使勉强授粉也易形成畸形花或花脱落。

(2)产生原因 是花的发育、形态受环境条件和植物营养状态影响造成的。特别是拱棚茄子，处在夜温高、光照比较弱的条件下，由于棚膜透光率低、光照弱，影响光合作用，碳水化合物生成得少，但在夜温高的情况下消耗却很多，再加上基肥施用量不足，尤其是氮、磷不足时，造成花芽的各个器官发育不良，易出现短柱花，形成畸形花或脱落。

(3)防治方法 一是育苗时选择肥料充足肥沃的土壤，气温白天控制在20℃～30℃，夜间20℃以上，地温不低于20℃。冬季育苗要选用酿热温床或电热温床，早春注意防止低温，后

期气温逐渐升高，又要防止高温多湿，拱棚茄子昼夜温差不要小于5℃，保持土壤湿润。这样花芽分化早，保持长日照花芽分化快，利于长柱花形成。二是培育壮苗。要求茎粗短，节间紧密，叶大叶厚，叶色深绿，须根多，苗期温度白天控制在25℃～30℃，夜间18℃～20℃，定植前适当进行低温锻炼。三是尽早移植，使其在花芽分化前缓苗，这样花芽分化充分。定植前1天浇透苗床，移植时把苗子带土提起，尽量少伤根，定植后不仅缓苗快，还可防止落花、落果。大棚茄子进入5月份棚膜应逐渐揭开，防止高温危害，产生畸形花。四是采用配方施肥技术，合理施用有机肥，或叶面喷施0.0075%芸苔素内酯水剂3000～4000倍液，或1.8%复硝酚钠水剂2000倍液。

6. 茄子生理性落花的原因和防治方法是什么？

(1)原因 花芽分化期肥料不足，夜间温度高，昼夜温差小，干旱或水分过大，日照不足造成短柱花多而落花；开花期光照不足，夜间温度高，温度调控大起大落，肥水不足或大水大肥造成花朵大量脱落。

(2)防治方法 培育适龄壮苗，加强温湿度调控，及时适量施肥浇水；在花蕾含苞待放到刚开放这段时间，用防落素涂抹离层，温度低时浓度高些，温度高时浓度低些。

7. 连续种植的老棚中茄子花出现紫色斑点或晕圈的原因是什么？如何防治？

(1)症状 花上表现有紫色晕圈或大斑点，甚至有的花畸形；茄子果实发硬，果面略微有些凹凸不平，果实色泽暗淡，掰开后发现靠近果皮处的果肉有褐色坏死点。发病株是点片发生的，甚至

是同一植株上一侧发病而另一侧则生长正常。这种情况有逐年加重的趋势，似乎有传染蔓延的现象。冬季低温时期没有这种不良症状发生，而在春秋冷暖交替季节发生较多。

（2）**发生原因** 一是过多使用腐殖酸肥。现在许多菜农误认为腐殖酸肥可完全替代其他肥料，其实不然，腐殖酸肥的使用虽然在一定程度上能促进茄子根、茎、叶等部位的长势，但它并不是含有茄子生长所需的全面营养。二是连续3年以上重茬种植茄子，氮、磷、钾肥等使用比例失调。在生产中偏施某一种或几种肥，可能会影响茄子植株对其他元素的吸收，即使土壤中并不缺少该元素但由于茄子植株不能正常的吸收而表现出缺素症状。如氮、钾肥施用过多则会影响茄子植株对钙、镁的吸收。因茄子属于喜钾作物，部分菜农一味地偏施钾肥，这往往会导致茄子缺镁而影响正常生长。必须平衡施肥、配方施肥。至于同一植株一侧发病另一侧正常的这种情况，是因为土壤中肥力分布不均匀，即使同一植株，其不同侧面的根系所处的土壤环境不同，吸收营养元素的比例不一致，所以会导致这种情况的发生。三是土壤酸碱度影响着植株对营养元素的吸收。当棚内气温、地温不稳定时，尤其是在冷暖交替的春秋季节，因土壤温湿度的变化而使土壤酸碱度有所变化，从而影响了根系的吸收功能，植株地上部产生不良病症。

（3）**防治措施** 一是施肥浇水要平衡。对有重茬情况的棚室，应进行配方施基肥，平衡施冲施肥。浇水要掌握见干见湿，合理浇水。二是光照与温度调节要适当。茄子属喜光作物，但日光温室冬春茬栽培自然光照很难满足需要，造成植株徒长，出现短柱头花，造成果实畸形。因此，除每天清扫温室棚膜外，还要挂反光幕，以缩小温室中后部光照差距，增加光照强度。温度要求也要适宜，大棚内温度应掌握在白天25℃～30℃，夜间15℃～17℃，这样既可以使茄子开花结果，又可以枝叶繁茂。三是适当通风。室温超过28℃时开始适量放风，排除室内过多的湿气，增加二氧化碳含

量，提高光照强度，减少落花。即使是阴天也要坚持适量放风，但要注意放风量和放风时间。另外要及时整枝，改善通风透光条件。

8. 茄子低温危害的种类和症状是什么？如何防治？

(1)种类 一是冷害。即0℃以上的低温对茄子的危害。影响茄子的成熟、授粉和花芽的正常分化。二是冻害。即0℃以下的低温对茄子的危害。直接危害是茄子体内结冰，引起部分细胞死亡或全株死亡。三是霜害。指植株体表温度降至0℃以下，空气中的水汽不形成水滴，而直接结冰(即霜)所带来的损害。

(2)症状 一是叶片受害。如果在幼苗子叶期受害，表现子叶叶缘失绿，子叶有镶白边现象，温度恢复正常不会影响真叶生长。秧苗定植后，遇到短期的低温，或冷风侵袭，植株部分叶片边缘受冻，呈暗绿色，逐渐干枯。二是根系受害。秧苗定植后连续几天阴天气温较低，同时地温低于根系正常生长发育的温度，都能导致植株受害。表现为不能增加新根，而且部分老根发黄，逐渐死亡。当气温回升转暖后，植株虽能逐步缓慢地恢复生长，但生长速度远不如不受低温影响的植株。三是生长点受害。属于较严重的冻害，往往是顶芽受冻，或者秧苗大部分叶子受冻。这种情况通常是定植后不久遇到寒流所致，天气转暖后植株如不能恢复正常生长，必须拔除，另行补苗或换苗。四是花、果实受害。开花期遇低温天气，会造成落花、落果。开花期夜温低于18℃，都会出现授粉不良，有的虽然已经授粉，但因温度较低，花粉管不能正常伸长，达不到授粉的目的，造成大量落花、落果。

此外，低温还会影响土壤中有益微生物的活动。如土温在15℃以下时，土壤中硝化细菌活动变差，使氨态氮不能转化为硝态氮，从而影响作物对氮的吸收。

(3)补救措施 一是选用耐寒品种,加强苗期管理。育苗期间加厚覆盖、铺设电热线等,提高夜间温度。根据生育期确定低温保苗措施,避开寒冷天气移栽定植。定植后提倡全地膜覆盖或多层保温覆盖,可有效保温增温。二是避免光照。受冻蔬菜受阳光直射,会使受冻组织失水。应用回苫和隔苫技术,使受冻蔬菜缓慢解冻,恢复生长。三是灌水保温。灌水能增加土壤热容量,防止地温下降,稳定接近地表大气温度,有利于气温平稳上升。有条件的可安装滴灌设备,即可保温降湿增温,还可有效降低发病率。四是人工喷水。受冻后的早晨,用喷雾器给蔬菜植株及地面喷水,增加棚内空气湿度,稳定棚温和防止地温继续下降,抑制受冻组织脱水干枯,促使组织吸水恢复。五是合理放风。蔬菜受冻后,棚室内不可采取急剧升温的措施,只能放风,使棚内温度缓慢上升,避免温度急骤上升,使受冻组织坏死。六是加强管理。受冻蔬菜缓苗后,应防再次受冻,并及时松土,适量追施速效肥料,促进植株生长。也可喷施抗寒剂,如用3.4%碧护(有效成分:天然赤霉素、吲哚乙酸、芸苔素内酯)可湿性粉剂7500倍液(1克药加15升水)喷雾,或红糖50克加0.3%磷酸二氢钾再加15升水喷施。

9. 茄子高温危害的症状是什么?如何预防?

茄子耐受的最高温度是35℃,超过35℃就造成高温危害。

(1)症状 一是植株脱水。高温易造成土壤干旱和大气干旱(干热风),当根系从土壤中吸收的水分不能满足植株蒸发的需求,就会造成茄子植株叶片叶缘上卷、焦边,严重时叶片脱落,产品品质变劣、产量下降,甚至植株枯萎、干死。二是抗病性丧失。当气温或地温高于茄子植株正常生长的温度范围后,就会使某些抗病品种的抗病性丧失,变为感病品种,加重病害的发生。三是易发生

生理病害。高温常与强光照相伴，当过强阳光较长时间照射茄子果实时，果实的向阳面会被阳光灼伤，造成日灼病；高温干旱又可使茄子开花结果过程受到不利影响，造成严重的落花落果。四是诱发多种病虫害。高温干旱可使病毒病、白粉病、螨害等危害加重。

(2)**预防措施** 一是合理浇水。浇水是缓解高温天气最有效的措施之一，可适当增加浇水次数和每次的浇水量，一方面降低低温，另一方面通过水分蒸发散热降温；切忌大水漫灌；有条件时可利用喷灌或往叶面喷水，以防叶片脱水；应在傍晚或早晨浇水，切不能在中午气温高时浇水。二是及时追肥。根据蔬菜作物的种类和生长阶段，结合浇水，及时追肥，多追施磷、钾肥，增强植株抗性；可叶面喷洒0.1%～0.2%磷酸二氢钾溶液，促进植株生长。三是适时覆盖遮阳网降温。在高温季节育苗或生产，最好能搭荫棚遮光防晒或覆盖遮阳网，遮阴降温。在保护地棚膜上可覆盖遮阳网，减轻高温危害。四是对症防治病虫害。可选用防落素等植物生长调节剂蘸花或喷花，防止落花落果；可喷施病毒A、植病灵、菌毒清等药剂，防止病毒病；可喷施武夷菌素、高脂膜、丙环唑、烯唑醇、氟硅唑等药剂，防治白粉病；可喷洒杀螨剂，防治螨害。

10. 茄子黄叶产生的原因和防治对策是什么？

(1)**症状** 从底部叶片叶脉间开始变黄，呈现不规则团状黄色斑块，中间掺混褐色凹陷斑点，最终导致叶片变糊干枯，逐渐向上蔓延，顶部新叶颜色变淡，出现脱落。

(2)**产生原因** 一是肥害。肥害常发生在阴天或者转晴后，使用大量未腐熟的农家肥作基肥或冲施肥使用不当，在茄子生长过程中产生氨气，当氨气积累到一定程度时，就会对茄子产生危害。

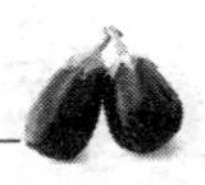

如果不能及时放风，就有可能造成氨气毒害。因此，菜农朋友们在选用基肥、冲施肥的时候，不能只追求速效性而大量使用氮素含量高的肥料，可使用腐熟的农家肥或生物肥，既可以增加土壤中有益菌群的数量，也可以有效提高地温。二是药害。在用药时，一定要根据药剂性质、天气、植株长势选择合适的用药量。特别是在防治灰霉病、烂茄子时需留意：嘧霉胺防治灰霉病虽然效果不错，但是要注意使用浓度。早晨与黄昏不宜用药，因为此时植株气孔开合程度小，药效降低，黄昏用药能加大空气湿度，增加病害发生概率，一般应在上午 10 时左右喷施。另外，对于种植圆茄子的菜农，尽量不要使用嘧霉胺来防治灰霉病。三是缺素。缺镁、缺铁都会引起茄子黄叶。缺镁的茄子中下部叶片发黄，由下而上发展，有的沿叶脉发展，症状明显。在土壤呈酸性、多肥、多湿的条件下，茄子容易发生缺铁症，缺铁的茄子植株顶端嫩叶发生黄化。

(3)解决方法 一是发生肥害（土壤肥害、气害）后要抓准时机适时灌水，使植株尽快恢复各项生理功能，另外要保持一定的棚室内温度。叶面喷洒丰收一号（有效成分：甲壳素和活性有益菌）等叶面肥，最好混掺磷酸二氢钾。如果根系受到损伤，要注重促根养根，可以用生根剂灌根，也可以冲施生根肥料（腐殖酸、微生物肥料）。二是发生药害时叶面喷施丰收一号或其他解药害的叶面肥，如果发现及时，可以叶面喷洒清水或者灌水，都可以缓解危害。提高棚室内温度，特别是夜间温度，可明显起到促根养根作用。三是缺素引起的黄叶。茄子缺镁导致的黄叶，详细症状是在茄子的中下部叶片发黄，由下而上发展，有的沿叶脉发展，症状明显。缺铁植株顶端的嫩叶发生黄化，这是由于铁的吸收受阻引起的。在土壤呈酸性、多肥、多湿的条件下常会发生缺铁症。缺素症引起的黄叶可以针对不同的情况对茄子补充各种元素。

11. 磺酰脲类除草剂危害茄子的症状是什么?如何防治?

(1)症状 茄子对除草剂比较敏感。植株表现矮化,生长缓慢;花脱落或整体脱落,也有干枯在茄子植株上的。虽然用吲哚乙酸、萘乙酸、防落素、赤霉素等处理,以保花保果,但果柄处仍易形成离层,脱落率较高。顶部叶片发黄变薄,中上部叶片向内或向外卷曲。劈开上部茎秆,可看到内部颜色变褐发黑。结果后,瞪眼期裂果多,呈眼睛状;瞪眼期后的幼果脱落较多,基本成熟的茄子多为畸形,长果茄子呈"U"形,卵圆的茄子呈不规则形的卵圆,出现药害的茄子发硬,食用时口感差。

(2)防治措施 一是在使用除草剂时一定要注意选择无风的天气进行喷洒,防止随风飘移产生药害。二是种植越夏蔬菜的菜农朋友在除草剂的使用高峰期,一定要注意及时地关、放通风口,同时注意防止高温危害,通风口不可久关不放。三是喷洒过除草剂的药械要认真清洗,最好做到专用(即蔬菜田管理过程中可以专用一个喷雾器,坚决不能喷施除草剂一类的药剂)。四是发现作物出现受害症状时,要及时喷洒清水,减轻药害;并在傍晚时喷植物细胞分裂素1500倍液+复硝酚钠6000倍液+丰收一号1000倍液+福施壮(有效成分:0.1%S-诱抗素水剂)1000倍液,进行药害缓解。一些植物生长调节剂可以作为作物的解毒剂,如喷洒适度的赤霉素等,再及时喷施叶面肥,如使用0.1%~0.3%的磷酸二氢钾或绿亨等进行叶面喷施,可以促进农作物根系发育,尽快恢复生长。五是对药害较为严重的,应在查明药害原因的基础上,马上采取相应补救措施,如重新补种或改种其他蔬菜作物。

12. 茄子设施栽培顶芽弯曲的原因和解决办法是什么?

茄子顶芽发生弯曲，造成生长发育停滞，并在叶片上出现很浓的花青素。发病轻时，芽稍有弯曲；严重时，植株顶端生长停止。如果继续生长就会长出许多分枝。

(1)原因 设施保温性能差，低温、多氮引起钾、硼素的吸收障碍；或土壤缺硼，土壤中大量施用钙、镁、石灰或钾肥时，都可能发生芽弯曲的现象。

(2)防治方法 增施有机肥，基肥中每667米^{2}施用硫酸钾15千克、硼砂1千克。或在叶面上喷0.2%磷酸二氢钾和硼砂1000倍液，促长复壮，效果明显。注意避免过量施用氮、钾、镁、钙肥和石灰。在日光温室生产时，应特别注意预防由于低温引起的芽弯曲。发生缺硼症时，要首先消除其他诱发原因，然后喷硼酸或硼砂，补充营养。喷洒硼砂时用100～300倍液即可。

13. 茄子植株枯死的原因和防治方法是什么?

排除黄萎病、青枯病等因素，整株或半株叶片自上而下萎蔫枯黄，植株根系呈现锈色，严重时黑褐色。折断茎秆，维管束不变色。

(1)产生原因 保护地生产中，常年大量施用化肥或一次性施肥过多，造成土壤盐离子浓度过大，根系失水。

(2)防治方法 在肥料特别是化肥的施用上，不能一次性施用过多，可采取分次、分阶段施肥。常年种植蔬菜的地块，由于土壤中盐离子含量高，再加上蔬菜的自毒作用，土壤环境逐渐恶劣，在合理施肥的前提下，应施用生物菌肥，活化土壤，增加土壤中有益菌的含量，为植株根系创造良好的生长环境。